U0326040

和孩子一起做家庭料理

〔日〕江口惠子／著

吴绣绣／译

北京联合出版公司

Beijing United Publishing Co.,Ltd.

前言

自从我产生"和孩子们一起把食物保存起来""让他们也来帮忙"的想法以后，我发觉家里的孩子们开始对食材以及厨房工具渐渐产生了浓厚的兴趣。

虽然在一开始，孩子们只是觉得看我做料理比较有意思……

为了激发孩子们的兴趣，我鼓励他们和我一起动手。这样自然而然的开始，到后来不知不觉已经成为我日常生活的一部分。

我和三个孩子一起感受着四季的变迁，沉浸在料理各种食物的喜悦中。

常常会有一些妈妈问我，她们的孩子多多少少也展现出了对食物的兴趣，但妈妈们不知道如何引导他们一起参与。

因此，我把自己从经验中总结出的一些小窍门，以及比较适合与孩子一起动手做的食物&点心的菜单，在这里一并介绍给各位。

希望这本书是您和孩子一起开始动手、创造以及享受食物乐趣的第一步。

目录

前言 ·· 002

春

竹笋饭 ······································ 015

香醋胡萝卜片 ······························ 016

卷心菜沙拉 ································· 017

艾草团子 ··································· 018

草莓糖浆 ··································· 021

　刨冰　沙拉酱汁　草莓牛奶

　薄煎饼浇汁　草莓碳酸水

　酥酥曲奇

草莓果酱 ··································· 025

春天的蒸糕（草莓味 & 抹茶味）········· 026

迷你夹心蛋糕球（添加芝士 & 巧克力碎粒）027

樱花饼 ······································ 028

制作初夏的保存食物

梅干 ······································· 030

梅子糖浆 & 梅子酒 ······················ 034

红紫苏糖浆 ································· 036

甜醋腌荞头 ································· 038

夏

番茄酱 ······································ 044

冷汤 ·· 047

拍黄瓜和山药沙拉 ························· 048

中华冷面 ··································· 049

波子汽水糖 ································· 050

猕猴桃巧克力薄荷冰淇淋 ················· 052

果汁软糖 ··································· 055

白熊风刨冰 ································· 057

关于孩子挑食的二三事

克服挑食的菜单

1 醋浸综合蔬菜 ··························· 060

2 香菇味噌肉酱 ··························· 061

3 菠菜咸味麦芬蛋糕 ······················ 062

4 抓盐卷心菜沙拉 ························· 063

本书的约定

＊1大勺为15ml、1小勺为5ml、1杯为200ml。

＊1合米约为180ml量杯的1平杯。

＊菜单中如无特别注明，使用的盐均为粗盐、酱油为浓口酱油、酒为清酒、小麦粉使用的是低
　筋粉。

＊在各个菜单中标明的"孩子们动手料理食物"是指可以让孩子们独立完成的工作。

＊因为孩子们的灵巧度以及年龄各有不同，因此派发工作时请适时观察实际情况。

秋

酱油盐渍鲑鱼子 066

红薯肉丸子 068

炸南瓜饼 069

意大利土豆汤圆 070

蜜汁炸红薯 073

蒙布朗 074

赏月团子 077

冬

肉包子 082

萝卜泥煮鸡肉 084

洋葱奶汁烤菜 087

炸杂蔬干 089

头道木鱼花高汤 090

年越荞麦面　杂煮

圣诞节装饰饼干 093

享受圣诞节的方法

年糕红豆汤 097

甜酒 098

冬天的保存食物

味噌 102

我家的孩子们

大女儿小花十岁（图片中间）。她十分有长女的风范，会很认真地去料理食物。即便因为不知道怎么做而急得眼泪在眼眶里打转，她也是会坚持要做完的那一类型人。儿子（图片右侧）太一七岁，最具艺术风范，享受自由奔放的做事方式。他不需要范本去参考，完全按照自己想象来进行。因此不管做出什么样的成品，在他的脑中好像从来都没有失败这个概念。四岁的小女儿小照（图片左侧）最擅长做细致的工作。她有点小小的叛逆，对她说"你来做吧"的时候，她一般是不愿意去做的。但是只要跟她讲"那就让太一做了噢"，她马上会起劲地要求让她来。三人三个样子，孩子们各有各的性格脾气，因此我用来激发他们干劲的方法，其实也是不尽相同的。

和孩子们一起料理食物的魅力 006

用小小的邀请来激发孩子的干劲和热情 008

顺利开始的诀窍 010

玩乐和料理食物一体化 040

长期坚持料理食物的诀窍 078

十岁的大女儿能做的事情 100

关于料理食物的工具 106

孩子们使用的刀 107

我家孩子们料理食物的经历 108

后记 110

和孩子们一起料理食物的魅力

通过和孩子们一起料理食物，
为家人带来很多不一样的感受

体验制作过程，即便是不喜欢的食材，也能产生兴趣并开始尝试去吃。

忙碌的时候，孩子自然而然地过来帮忙，减轻了妈妈的负担。

从料理时使用的蔬菜和水果的变化中，学会去感受季节的变迁。

料理食物是一个充分调动五感的过程，能够培养孩子们的感知能力。

　　说实话，比起和孩子们一起做料理，我一个人做反而比较快且轻松。即便如此，我还是非常喜欢以及珍惜和孩子们一起料理食物的过程。

　　料理食物需要完全调动五感。分辨食材的新鲜度、确认烤色等需要视觉；倾听锅里咕嘟咕嘟煮食物的声音需要听觉；凉、热、温、脆需要的是触觉；被香甜气味以及各种其他气味刺激的是嗅觉；还有味觉。在日常的生活中，没有其他工作能够像料理食物一样，能够全面调动人的五感。因此我认为料理食物可以丰富人的感知性。

　　忙碌的日常生活里，四季轮回带来的季节细微渐变，可以抚慰到我们的内心。我自己也在料理食物的过程中，对季节的更迭有了更为敏感的体会。这种渐变虽然不是直接产生什么作用，但是却给

　　料理食物是件富有创造性的事情，在制作的过程中孩子有孩子的想法，我认为能够以此为契机，培养孩子用自己的头脑去考虑问题的能力。

我们带来不同的感觉。比如竹笋上市了，就会让人想到"春天来了啊"；梅子开始被摆放在店里的时候，传达了"夏天也不远了吧"的讯息。通过这些小小的变化来体验四季变换的乐趣，人的心灵和生活都会丰富起来。我想把这样的愉悦，通过料理食物的过程，慢慢让孩子们也一起来感受。

　　孩子长大了，突然就会准备三餐或者能够帮上忙，那大概是因为在此之前，她已经累积了相当的经验。像我10岁的大女儿，她给忙碌的我提供了很大的帮助。早日让孩子们开始料理食物，其实不仅是为了孩子，也是为了家长自身考虑。

　　我家的孩子们都不挑食，原因有各种各样。他们不是只吃被端上桌的食物，而是切身体会了食材本身的味道，和它们在料理过程中如何变化。所以这大概也是孩子们不挑食的原因之一吧。

用小小的邀请来激发孩子的干劲和热情

激发兴趣的小方法

对孩子帮忙做好的工作

『小照你做得很好吃呢』

『有了你的帮忙妈妈轻松了很多呢』

『你帮了妈妈很大的忙～』

不想让孩子做的复杂工作

『这是妈妈做的事情，你在旁边先看着学习好吗？』

『油会溅出来很危险，你稍微站远一点噢』

『（交给孩子别的事情）小照你能到这边来帮妈妈吗？』

想让孩子做的简单工作

『这是太一的工作噢！』

『这个如果你做的话，会帮妈妈很大的忙呢』

『要不要和妈妈一起来做？』

　　料理教室的学生和妈妈朋友经常会问我，想和孩子一起料理食物，也认为和孩子一起会比较好，但是不知道怎么做。

　　我认为没有必要特意准备什么食材、考虑怎样的料理。只要让孩子看到父母平日里每天料理食物的姿态就可以了。不要因为比较危险，或者碍手碍脚，就把孩子从厨房里赶出来，而是从把孩子带入厨房开始。

　　话虽如此，如果只是让孩子站在旁边看着，他们大概很快会厌烦，没有兴趣一直待在厨房。这个时候重要的就是邀请。比如"要不要和妈妈一起做？"然后给孩子具体的指示。孩子如果只是看会觉得没有意思，一些可以让他们动手的、做起来好像也没有问题的事情（参照P10），可以提前安排他们去做。接下来重要的是，如何激发孩子的兴趣。一旦听说能帮上妈妈的忙，孩子们会格外努力去做噢。

　　"小照，你真厉害！"在孩子做得比较好的时候，适时地给予表扬和鼓励，孩子就能高兴地继续下去，下次也会很愿意去做。

　　而另外一些会导致厨房一片混乱，或者有危险的事情，必须要让孩子远离。这时最好别不由分说地叱责孩子"这样不行！"，而是要好好跟孩子说明理由："小朋友不能做是因为热油会溅出来伤到手指。"然后把别的工作交给孩子，邀请他们"这个事情想让你帮一下忙"，也是一个转移孩子注意力的方法。

　　另外一方面，出于激发孩子干劲的考虑，表扬的话语也必不可少。听到"帮了大忙噢""妈妈轻松很多"这些话，孩子要比我们想象得更高兴。而"很好吃！"这句话，我认为会极大地提升孩子的自信心。

顺利开始的诀窍

在孩子想要动手的时候，
能够马上把可以交给他们的工作准备好，
这是顺畅开始料理食物的诀窍

能够马上交给孩子做的事情

★ 用沙拉甩干机给蔬菜脱水

★ 剥去洋葱表皮

★ 把蔬菜叶子撕成小块

★ 用餐刀切黄瓜

★ 切竹轮

★ 摘除草莓蒂和番茄蒂

★ 准备筷子和小碟子等配餐工作

自己不放心的话，尽量避免让孩子去做的事情

★ 汤水的配餐摆放

★ 捏肉丸子之类手会变黏糊糊的工作

★ 需要撒小麦粉之类粉状食材的工作

★ 需要用到刀类、金属研磨器等有危险性的工作

和孩子日日相对，经常要面对他们令人惊叹的专注力，以及与之相反的三分钟热度。孩子专注起来，不管如何用别的事情转移他们的注意力好像都没有用，但是只要他们身体里的开关"啪"一下关掉以后，不管如何哄也不愿意再动手……

与这样的孩子一起料理食物，会碰到各种各样的困难。不过一旦抓住孩子想要动手的信号，就能够把握机会顺利地开始，因为那是孩子注意力比较集中的时候。如果孩子本人并不想做，而硬要强迫他们动手，这对孩子以及父母来说都只会成为负担，不能带来好的结果。而孩子跑进厨房问"妈妈，你在做什么呀""让我也动动手吧"的时候，这就是可以和孩子一起料理食物的信号。

把握这个机会，如果马上把孩子可以做的工作交给他们，将能顺利地引导他们对料理食物产生兴

黄瓜和竹轮可以用餐刀切。剥洋葱皮以及使用沙拉脱水机，非常适合在孩子兴趣满满的时候马上交给他们。

趣。我在考虑菜单的时候，习惯性地想好哪些可以交给孩子。比如做咖喱时需要剥洋葱皮的工作，如果有沙拉的话，用沙拉甩干机给蔬菜脱水。把料理过程分步骤，预先规划好可以交给孩子做的事情。

在孩子充满干劲的时候，马上安排他们去做，时机和速度很重要，因此就算跟自己正在做的料理无关也没有关系。把蔬菜撕小块、摘掉蒂等，我建议大家安排孩子去做这些不需要工具的工作。除此之外比如像黄瓜、竹轮等，用危险性比较低的餐刀也可以切的东西，只要从冰箱里拿出来递给孩子就好了。

相反，妈妈自己不放心的话，有些事情还是不要让孩子去做比较好。出于好玩的心理，孩子有时抛洒面粉，或者用黏糊糊的手到处摸几下，大人偶尔可能还会觉得比较有趣。但是当你忙的时候，面对这种状况是无论如何都笑不出来的。因此一开始就不要安排孩子做这些事情。

春 spring

随着天气慢慢转暖，
春天的食材开始出现在蔬菜店和超市里。
即便在不容易感觉到时令的现代，
通过使用有春天感的食材来料理食物，会让人欢欣雀跃。
如果能把这样的乐趣传达给孩子真是太好了。

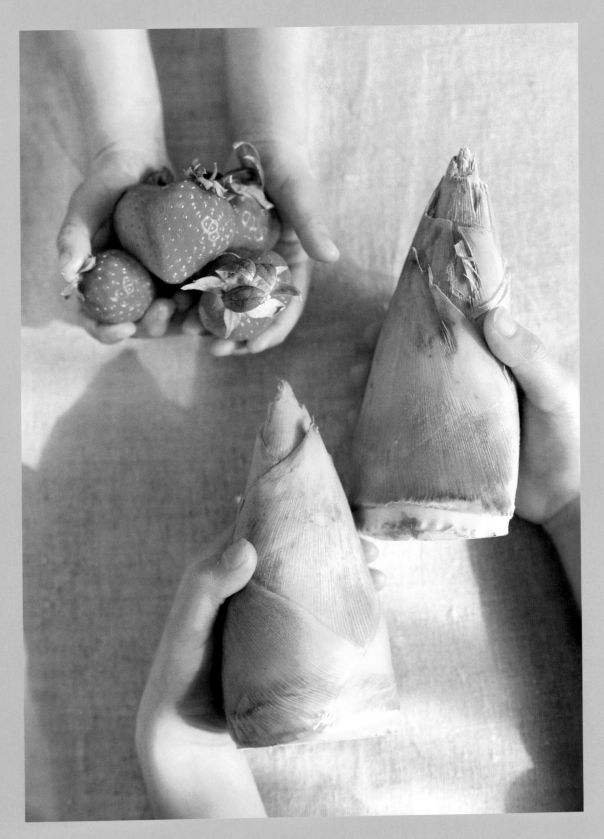

我家位于东京的23区内，通过观察四周，我认为周边已经属于非常能够感知大自然的地段了。我家附近就有一片竹林，每年我都让孩子们在那里挖竹笋。每人限定挖一个，虽然身处大都市难免受到各种限制，但能够得到这样珍贵的体验，我非常感恩。

孩子们对自己挖出来的竹笋展现出了浓厚的兴趣。于是我把刚挖出来的竹笋煮好后交给孩子，让他们尝试剥笋皮，做成竹笋饭。孩子们本来就很喜欢有各种食材的菜饭，因此接到这个任务更加开心了。竹笋饭确实是能够深切感受到春天的一款菜式。

我在这里将从处理生的竹笋开始介绍，一到春天，市面上会有很多更好吃的水煮竹笋。购买这些煮好的竹笋，跟孩子说"春天的竹笋很好吃噢"，我认为哪怕只是这样简单的一句话，也能向孩子们传达春天的食物的讯息。

这是一个向孩子展示竹笋本来面貌的绝佳机会。
试着把孩子擅长的剥笋皮工作交给他们吧。

竹笋饭

孩子们动手
料理食物

★ **剥笋皮 等等**

我建议大人先把竹笋外层最硬的皮剥掉，剩下的交给孩子。告诉孩子"剥到看不到深色的皮为止噢"。

*可能会有孩子剥竹笋后会感觉到手痒，因此家长需要注意。剥完后督促孩子及时仔细洗手。

材料 (4人份)

竹笋······2个
淘米水······适量
红辣椒······1个
米······2合
油豆腐······1片

A
┌ 高汤······360ml
├ 酱油······2大勺
├ 味啉······1大勺
└ 盐······1小勺

*如购买的是现成的水煮竹笋，则从做法2开始烹饪。

做法

1. 在笋尖连皮斜切一道口，再从顶部开始纵向往下切1~2cm的口。锅中放入笋、足量的水和红辣椒后，开大火煮。待沸腾后转为小火焖1小时左右，关火连汤汁一起待凉。完全凉透后剥去笋皮，在水中浸泡30分钟左右。

2. 淘好米后沥水。把煮好的笋尖部分切成薄片，笋根切成12等份约2~3cm厚的放射形薄片。油豆腐浇上开水去油，切成5mm的块状。

3. 把米、笋片、油豆腐块以及A放入土锅或者电饭锅中，接下来按照平时的煮饭方式即可。

我家的孩子们从小就喜欢吃沙拉。大概是因为橙子清爽的香气和胡萝卜的甜味，孩子们一个人就能吃掉一根。

即使是讨厌吃胡萝卜的孩子，大多数情况下也能尝试吃生的胡萝卜，所以这是我希望妈妈们一定要尝试一下的菜式。孩子们稍微动手帮个忙，会有"这是我自己做的！"的体验感，因此不爱吃的蔬菜也会顺势吃下去，我觉得这种情况也不是少数。

多亏了甜味&清爽的口感，
孩子们一人就能吃掉1根！

香醋胡萝卜片

 孩子们动手料理食物

★ 用刨皮刀刨胡萝卜片
★ 在盆中拌匀材料 等等

材料（4人份）

胡萝卜·············2根（400g）
洋葱···················1/4个
橄榄油··················1大勺
A ┌ 盐·················1/4小勺
  └ 橙汁················1个份
B ┌ 橄榄油··············2大勺
  │ 米醋············1又1/2大勺
  │ 欧芹碎、盐········各1小勺
  └ 胡椒················少许

做法

1. 胡萝卜用刨刀刨成细长薄片。洋葱切成细丝。一并放入深盆中，撒上A后拌匀，放置15分钟左右。
2. 把B倒入盆中再混合均匀。

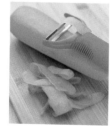

胡萝卜平放在砧板上，孩子们也可操作。诀窍是不要全部让孩子来，让他们把方便刨的部分刨好即可。

从 孩子很小的时候，我就把撕卷心菜叶的工作交给他们来做。就算菜叶被撕得乱七八糟，对做菜其实并无大碍，所以我推荐各位妈妈放心安排孩子去做。特别是春天的卷心菜，叶子柔嫩，小朋友撕起来也很方便。

看孩子一边做一边对她说"春天的卷心菜真是又嫩又甜呀"。

只是撕卷心菜叶，也是了不起的工作。
从2岁开始就可以尝试！

卷 心 菜 沙 拉

孩子们动手
料理食物

★ **用手撕卷心菜叶**
★ **在盆中拌匀沙拉 等等**

材料(4人份)

卷心菜………… 2～3片（200g）
橙子…………………………2个
块状培根……………………60g
〈沙拉酱汁〉
　橄榄油、米醋… 各1又1/2大勺
　盐……………………1/2小勺
　胡椒…………………… 少许

做法

1. 卷心菜用手撕成小块后放入深盆。橙子去皮后剔掉籽，剥出橙肉，分成适合吃的大小。培根切成长约6～7mm的棒状。

2. 烧热平底锅，加入培根用小火慢炒。待油析出，培根表面有焦色时，和锅中的油一起倒入放卷心菜的深盆中，使味道渗透。

3. 把酱汁的材料和橙肉倒入深盆中，迅速拌匀即可。

从草变成了团子!
这样的惊奇变化是让孩子注意观察周围自然环境的契机。

艾草团子

 孩子们动手料理食物
★ 摘艾草新芽
★ 和面团
★ 搓团子 等等

艾草干

如果没有新鲜的艾草,请使用市场上可以买到的艾草干。4g的艾草干用20ml水泡发,其他步骤的做法和用新鲜艾草做团子一致。

到春天和孩子们散步时，我们会注意到艾草的生长。艾草是一种在东京这种大都市的住宅区也能生长的植物，请一定和孩子们一起仔细发掘看看。但是因为量太少不足以做团子，因此我会拜托住在乡间的友人或者父母寄些给我，每年做艾草团子是我家固有的一项活动。

让孩子们一边闻着艾草特有的青涩味，一边帮忙摘新芽，"用这个草做什么好吃的呢"，他们都觉得非常有意思。孩子们喜欢搓团子的工作，也很好奇平时吃的白团子变成绿色的样子。

和孩子们散步时，我心里想着如果孩子们津津有味吃着有草香味的团子，能够感觉春天的到来那该多好啊。让我庆幸的是大一点儿的两个孩子看到艾草，会主动告诉若有所思的我："这是做团子的草！"

从茎开始摘下柔软的叶子。香味会留在脑海里，跟孩子说"这香味真有意思啊"。

材料（适合制作的分量）

艾草（生）···················· 100g
食用小苏打···················1小勺
水磨糯米粉···················200g
砂糖·························1大勺
水·························100ml
红豆馅、黄豆粉·········· 各适量

搓团子的时候跟孩子说"搓成同样大小噢"。虽然最终会出现大小不一的团子，只要煮的时候调整好时间就OK了。

做法

1. 摘取艾草新芽柔软的部分。锅中煮沸足量的水，加入小苏打。把艾草煮10分钟左右，捞出放入冰水中。取出艾草挤干水分，细细切碎。使用20g（剩余的用保鲜膜包住后冷冻保存）。

2. 深盆中放入糯米粉、砂糖、艾草，倒入水。用指尖捏碎并搅拌混合糯米粉，待面团成型并不掉粉时即可。把面团揉成直径2cm左右的小团子。

3. 锅中煮沸水，加入团子。煮满1分钟后，用木铲轻轻搅拌防止团子粘锅底。待团子浮起后再煮1～2分钟，舀出放入冰水中。稍候沥掉水分。

4. 用竹签穿好丸子，放上红豆馅，撒上黄豆粉即可。

对家中有小小孩子的家庭来说，水磨糯米粉有大用处！

只需要加水揉面，就能做出团子的水磨糯米粉，我推荐家中有小小孩子的家庭应该常备。团子滑溜溜的口感深得孩子的喜爱，做起来也非常方便，适合应付家中没有其他点心的状况。面团有点像黏土的手感，孩子会非常乐意把面团搓成小丸子。撒上砂糖&黄豆粉，配上现成的红豆馅就可以享受甜食，放入味噌汤中也很好吃噢。

春 天临近尾声时，店头摆放的草莓价格开始下降。有时会发现一份包含四整盒的草莓卖出令人惊讶的便宜价格。于是就到了一边感慨春日苦短，一边制作草莓糖浆的时候。

借着料理食物的名目，孩子们品尝味道时总会说"就想这样把草莓吃掉"，但他们还是会一天一次饶有兴趣地晃动瓶子，嘴巴里说着"拜托要变好吃噢"，一边观察着瓶中渐渐渗出粉红色的液体。

做好的草莓糖浆可以用水、碳酸水、牛奶等兑出各种饮品，也可以做成沙拉酱汁，而它很大的魅力还在于它可爱的颜色！所以说草莓糖浆是自己做起来也很愉快的一个食谱。

品尝草莓的味道也是料理食物的一种？！
孩子特别期待1天1次晃动瓶子的工作。

草莓糖浆

孩子们动手料理食物

★ 把草莓 & 粗糖放入瓶中
★ 1天1次晃动瓶子 等等

只要按照一层糖一层草莓的顺序放入瓶中。太一放得非常认真，其实随便放放也未尝不可。

材料（适合制作的分量）

草莓……………………… 500g
粗糖…………… （非漂白）500g

*粗糖要比一般的砂糖溶化得慢，能够充分提取草莓的美味。若无粗糖可换其他砂糖代用。

做法

1. 草莓去蒂，用厨房纸巾仔细擦干草莓表面水分。

2. 取一个清洁的玻璃密封瓶，底部先铺满一层粗糖，放入适量草莓，再铺一层糖。按照一层糖一层草莓的顺序叠加放入瓶中。

3. 合上瓶盖，1天1次轻轻晃动或者倒置瓶身，使草莓和粗糖混合均匀。待粗糖完全溶化后即可完成（10天～2周）。舀出瓶中的草莓，把糖浆灌入另外清洁的瓶中保存（舀出的草莓直接吃口感并不好，可以做成冰沙或者果汁等等）。

*草莓糖浆放入冰箱中冷藏保存，4周内用完。

把材料全部放入瓶子后晃动一下。接下来1天晃动1次即可。孩子们对观察瓶中状态的变化非常感兴趣。

草莓糖浆
arrange

1. 刨冰

现成的刨冰糖浆颜色鲜艳，很受孩子们欢迎，所以我会买来备用，但是总感觉像是给孩子们吃色素一样。如果用自家做的糖浆则没有这个担心。用吸收了草莓香甜风味的糖浆做出来的刨冰，尤为美味。

2. 沙拉酱汁

用草莓糖浆调出的沙拉酱汁，吃一口就会感受到草莓清爽的甜味和香气在口腔中扩散开来。酱汁里因为有孩子们喜欢的草莓味道，使得沙拉不仅拥有清雅的口感，即便是平时不喜欢的蔬菜沙拉，孩子们也能毫无障碍地吃下去。不光是沙拉，也可以调制成意式薄切生牛肉片的蘸汁。

材料和做法 草莓糖酱橄榄油米醋各1/3杯，加盐1/2小勺充分混合均匀。

3. 草莓牛奶

孩子们非常喜欢的草莓牛奶，如果有草莓糖浆，就能立刻调制出来。玻璃杯中舀入适量的糖浆，再轻轻注入牛奶，变身为呈现漂亮2段分层的咖啡馆风格饮品。

4. 薄煎饼浇汁

用蜂蜜或者枫糖浆当浇汁虽然也不错，浇上草莓糖浆的薄煎饼，可爱度激升，不管大人小孩看到都会兴奋起来的。

5. 草莓碳酸水

用碳酸水和草莓糖浆，就能兑出孩子们很喜欢的"呲啦呲啦"冒泡饮品。有这样一份实实在在能够感觉到草莓美味的饮品，即使是平时下意识不让孩子喝市面上碳酸饮料的妈妈，也会毫不犹豫地对孩子说"请喝"吧。

6. 酥酥曲奇

制作曲奇的材料中加入草莓糖浆，变身为呈现微微粉色的可爱曲奇。我很中意使用芝麻油的健康做法。

材料和做法 深盆中放入小麦粉150g、杏仁粉30g、盐1小撮，混合均匀。另取容器倒入糖浆60ml、（白）芝麻油1大勺，搅拌至乳化后变白为止，倒入深盆中。全部材料混合完成后，搓成直径2cm的小圆球，放入预热到180℃的烤箱中烤20～25分钟左右。

我 观察下来觉得孩子们最喜欢吃的是新鲜草莓。因此草莓酱大概是我纯粹为了满足自己的想法才做的吧。不过一旦动手熬起来，孩子总会好奇地走过来问："好香呀，妈妈在做什么呢？"

我当然不会放过这样绝佳的机会，于是把撇浮沫的工作顺势交给孩子。

告诉孩子"只要把白色的泡泡舀掉就可以了，红色的都是好吃的酱，不要舀掉噢"，孩子就会比我撇得还要认真。最后对孩子补上一句"这样果酱会更好吃，谢谢你！"，因为我考虑这样说的话，孩子下次也会很愿意来帮忙（笑）。

仔细撇去浮沫以确保果酱纯正无杂味。让孩子在心中对果酱默念"要变好吃噢"。

品尝刚熬好果酱的味道也很重要，孩子会很高兴。通过累积这样的经验，可以拓宽孩子吃东西的兴趣范围。

煮草莓的香气
成功吸引了孩子们的注意力。

草莓果酱

孩子们动手料理食物

★ 撇浮沫
★ 尝味道 等等

材料（适合制作的分量）

草莓·························· 500g
甜菜糖·························· 200g
黑葡萄醋·····················1大勺
盐·························· 1小撮

＊若无甜菜糖可换其他砂糖代用。

做法

1. 草莓去蒂，用厨房纸巾仔细擦干草莓表面水分。

2. 取一个壁沿较厚的锅，放入草莓、甜菜糖、黑葡萄醋和盐，腌渍30分钟左右，使水分充分渗出。

3. 开中火，待沸腾后不要把火调小继续煮，不断搅拌防止锅底烧焦，并撇去浮沫。熬煮20～30分钟至锅中的果酱变黏稠为止。装入清洁的玻璃瓶中密封保存。

＊草莓果酱放入冰箱中冷藏保存，约2周内吃完。

三明治卷&法式吐司

大多数的孩子都非常喜欢草莓酱。可以试试用草莓酱来灵活制作各种不同的美味。涂抹在吐司或者淋在酸奶上当然是最平常的吃法，我推荐涂在三明治面包上卷起来吃，也可以把草莓酱浇在法式吐司上享用。

用热香饼粉做的蒸糕是我家位居第一的简单小点心。不用像热香饼一样一枚一枚煎，做起来真是轻松太多了。

这次我用了符合春天氛围的草莓糖浆和抹茶来上色。不停地画圈圈搅拌，面糊会渐渐变成可爱的颜色，孩子喜欢观察这个过程。告诉孩子"这是妈妈小时候很喜欢的点心噢"，孩子就很高兴来帮忙了。

只要不停画圈圈搅拌，就能变蓬松柔软，简直太有意思啦！

春天的蒸糕

（草莓味&抹茶味）

★ 搅拌材料 等等

材料（6人份）

热香饼粉	200g
牛奶	150ml
草莓糖浆（参照P20页，或者使用现成的糖浆）	20ml
抹茶	1小勺

做法

1. 热香饼粉分成两份分别放入深盆中。其中一个盆中加入牛奶60ml粗粗混合，再倒入草莓糖浆搅拌均匀。另外一个盆中倒入抹茶混合后，再倒入牛奶90ml搅拌均匀。

2. 把两种面糊分别倒入深型小烤碗中，确保面糊达到8分满的程度。

3. 放入水已煮沸蒸气不断冒出的蒸锅内，蒸12~13分钟，关火后再焖2~3分钟后取出。

虽然只要简单地把面糊不停搅拌，但是一旦溅出来，后续处理会很麻烦，因此这里的诀窍是要让孩子用大一点儿的深盆。

朋友带着孩子来我家做客的时候，我们总会做这个迷你夹心蛋糕球。朋友一脸不信任地说"我家的孩子肯定不会做的啦"，结果她的孩子烤出很棒的蛋糕球，把妈妈都惊呆了！因此这位朋友也开始产生和孩子一起愉快地料理食物的想法。这是一道能够恰如其分实践这种想法的菜单。

招待朋友们到家做客时，
大家一起热情高涨来制作！

迷你夹心蛋糕球

（添加芝士&巧克力碎粒）

★ 搅拌材料
★ 在电炉上烤蛋糕　等等

材料(20人份)

热香饼粉……………… 200g
牛奶…………………… 180ml
芝士粒………………… 10颗
巧克力碎粒…………… 20g
植物油………………… 适量

做法

1. 把热香饼粉倒入深盆中。加牛奶后搅拌到没有凝结块。

2. 在电炉上架好章鱼烧专用烤盘，加热到180℃中温（或者把烤盘架在炉灶上开中火加热）。烤盘里薄薄地涂上一层油，把面糊倒入其中，确保每个小孔里的面糊达到9分满程度。

3. 每个小孔的面糊里放入1颗芝士粒以及6~8颗巧克力碎粒。待面糊慢慢膨胀开，外侧表皮变硬时，用竹签挨个翻身，烤至蛋糕球表面均匀上色为止。

把巧克力和芝士放入面糊中，这个简单步骤对小小的孩子来说已经算是很了不起的工作了。等孩子长到4岁，就会轻松给蛋糕球翻身了。

看到妈妈很享受做樱花饼的过程，
孩子也会很高兴地来帮忙。

樱花饼

孩子们动手
料理食物
★ 搓圆馅料
★ 烤面糊
★ 卷饼 等等

红曲粉

对不能忍受使用合成色素的
人，我推荐红曲粉。因为是天
然的色素，染出来的颜色清淡
雅致。

自 从开始和孩子们一起料理食物，我总是会不自觉地选择去做孩子们比较容易接受的菜单或者点心。但是在我开设的亲子料教室里，偶尔也会专门和大家一起做妈妈想吃的东西。

打开盒子，孩子们看到樱花饼非常喜欢。烤面饼、搓圆馅料、用樱花叶子卷面饼。步骤比较多因此做起来不会腻烦，孩子们拥有敏锐的观察力，发现妈妈在很认真地享受做樱花饼的过程，他们也会非常愿意参与进来。

妈妈们大呼"又咸又甜真好吃啊！"，有很多孩子听到这样的惊叹，直接把樱花饼连同叶子一起吃下去了，真是吓了我一跳。

大人做示范并告诉孩子"就做成这样大小"，孩子们学起来就会比较快。

面糊用烤盘可以烤得比较漂亮。6岁左右的孩子，一个人就能够完成这项工作。

材料(10个)

盐渍樱花叶·················· 10片
〈面糊〉
| 小麦粉················· 60g
| 干磨糯米粉············· 40g
| 绵白糖················· 2小勺
| 盐··················· 1小撮
| 红曲粉···· 约为挖耳勺2勺左右
| 的量
| 水··················· 160ml
红豆馅················· 200g
植物油················· 适量

做法

1. 清洗樱花叶，把叶子浸入足量的水中，泡30～40分钟去除多余的盐分。

2. 把水以外的所有材料倒入深盆中，用打蛋器搅拌。水需要分成多次慢慢倒入盆中，不断搅拌到没有凝结块。

3. 红豆馅分成10等份，搓成小圆球。

4. 烤盘加热到120℃～140℃（低温），薄薄涂上一层油。舀面糊2大勺放入烤盘中，摊成薄薄的椭圆形状面饼。待面饼边缘凝固后，用铲子翻个身，再烤30秒左右。盛入平底托盘中待凉。

5. 用面饼卷上红豆馅，最后卷上擦干了水分的樱花叶。

轻松灵活使用现成品

从头开始做馅料当然最好，不过我会不时地活用一些现成品。因为我觉得有些步骤可稍微偷一点儿懒，比起拘泥于从头到尾花费大量的时间和精力完成每一个步骤来说，更能够增加和孩子一起制作点心的频度。制作起来比较轻松的话，一个季节里就能反复做几次，使用红豆沙、散发樱花香味的樱花馅，体会不同口味带来的食趣。

制作初夏的保存食物

梅　干

我们生活的现在，可以随时买到各种蔬菜和水果，
因此对季节变化的感知渐渐变得迟钝了。
但初夏上市的梅子、红紫苏、荞头却仍然是只有当季才能品尝到的食材。
使用只在当季出现的食材来制作保存食物，使身心尽情体会季节的风味。

孩子们动手料理食物	★ 去除梅子蒂 ★ 摘红紫苏叶 ★ 晾干　等等

腌制时间：5周以上

我 每年郑重其事地腌梅干，其实是从生完孩子以后才开始的。大概是因为和孩子一起腌梅干的慢生
活画面一早已经在脑内构想好了。

不过也是从自己动手腌梅子以后，才完全被那种美味吸引住。盐本身扎实的咸味，保持住了梅子
的香气和果肉柔软的口感。我家的孩子们也非常喜欢梅干。有时适逢繁忙之际，只用米饭、味噌汤梅
干也能撑出一顿晚饭。我觉得这是因为有自己亲手下功夫腌制的放心梅干。摆放在餐桌上虽然看起来
朴素，但并不是偷懒的一餐。

第1天
一 **腌梅子**

材料（适合制作的分量）

南高梅·····················1kg
盐·······················180g
清酒·····················50ml

*选用3L容量的密封瓶。

事先准备

梅子放入深盆中，加
水浸泡一夜。

1. 取梅子蒂

把梅子仔细清洗
过后取出放入滤
碗，用清洁的毛巾
擦干梅子表面水
分。用牙签剔除梅
子的蒂，注意尽量
不要伤到梅肉。蒂
全部剔完后，往梅
子上喷洒清酒。

2. 撒盐

往清洁的密封瓶里撒1小
把盐，放入梅子。接下
来再撒入一小把盐，放
入梅子。按照这样一层
盐一层梅子的方法反复
操作，直到放完所有的
梅子。把剩下的盐全部
撒上去。

3. 压重

套好3层保鲜袋，放入
密封瓶，把水倒入保鲜
袋中（直至水的体积占
满密封瓶剩余空间为
止）。把袋口扎紧合上
瓶盖。1天1次取出压重
用的水袋，晃动瓶子，
使盐和梅子充分接触。
在等待梅醋产生的2~3
天内，把密封瓶放置在
阴凉处。

二 腌红紫苏

材料 (适合制作的分量)
红紫苏（只留叶子）·············· 100g
盐······························· 20g
P31的梅醋···················· 全部
P31的腌梅···················· 全部

*梅醋和腌梅从瓶中取出，分开放。

1. 撒盐

把红紫苏叶从茎部摘下。仔细用水洗过后擦干水分。放入大号深盆中，加盐后用手均匀彻底揉一遍。

2. 挤水分

待叶子变软，渗出黑色的水后，用手把叶子揉捏成一团，挤出的水分全部倒掉。再加入梅醋50ml把叶子揉一遍，倒掉挤出的水分。

3. 拌入梅醋

把梅醋100ml浇入处理好的红紫苏叶里，整体拌匀。

4. 放入瓶中待发酵

取一半分量的梅子放入清洁的密封瓶中，倒入剩余的梅醋和一半的红紫苏叶，再淋入步骤3中已染成红色的梅醋。按照一层梅子一层叶子的顺序把剩余的材料交替全部放入瓶中。套好的3层保鲜袋中倒入水，把袋口扎紧合上瓶盖，使梅子和红紫苏叶子完全浸泡在梅醋中。放置在阴凉处保存约1个月左右。

1个月后
三 晒干

1. 取出梅子

选择梅雨季后连续天晴三天以上的时期，从瓶中取出梅子。梅醋另外滤出。

2. 移放到竹筛里

把梅子移放到竹筛里，注意每颗之间留好缝隙防止粘连。红紫苏叶分成小团，一并放入竹筛里。

3. 太阳底下晾晒

竹筛放在阳光充足空气流通好的地方。1天1次给梅子翻身，总共晒3天（头2个晚上收进室内，最后1晚放在室外过夜）。

4. 倒回梅醋

把晒干的梅子放入清洁的密封瓶中，之前滤出的梅醋重新倒进去。

5. 保存

将已经晒干的红紫苏叶子撒入瓶中，把密封瓶放置在阴凉处保存。虽然马上可以吃，再多放半年左右味道会更好。

一起制作孩子们夏天的必备饮品和大人的梅子酒！

梅子糖浆 & 梅子酒

完成所需时间：梅子糖浆→6天 梅子酒→3个月以上

孩子们动手
料理食物

★ 去除梅子蒂
★ 按照一层糖一层梅子的顺
序放入瓶中 等等

我 从孩提时代开始就很喜欢和妈妈一起料理梅子，后来这变成了一段属于我和妈妈共同的美好回忆，因此我也想让孩子们拥有相同的体会。创造共同的回忆大概就是我想和孩子们一起料理食物的初衷吧。

于是我有意让孩子们从小就开始学习如何料理梅子。现在只要我买回梅子，往桌子上"咚"一放，即使不用开口，三个孩子也会默默地开始帮我去梅子蒂。

长女小花看到蔬菜店里摆放的梅子，会告诉我"已经到梅子的季节了呢"。这简单的一句话让我觉得，希望孩子们在感受季节变化的过程中度过一整年，这样的愿望好像通过教导他们料理食物而实现了，令我十分感动。

梅子糖浆

材料（适合制作的分量）
梅子（青梅，或者南高梅）·1kg
黄蔗糖⋯⋯⋯⋯⋯⋯⋯⋯ 800g

＊若无黄蔗糖可换其他砂糖代用。

梅子酒

材料（适合制作的分量）
青梅⋯⋯⋯⋯⋯⋯⋯⋯⋯⋯ 1kg
粗糖（非漂白）⋯⋯⋯ 600g～1kg
伏特加⋯⋯⋯⋯⋯⋯⋯⋯ 1800ml

＊若无粗糖可换冰糖、甜菜糖、黑糖代用。

做法

1. 把梅子仔细清洗过后取出放入滤碗，用清洁的毛巾擦干梅子表面水分。用牙签剔除梅子的蒂，放入可冷冻的保鲜袋里冷冻起来。

2. 将梅子按照一层糖一层梅子的顺序交替放入清洁的密封瓶里。放置在阴凉处，1天1次晃动容器，使糖和梅子充分混合。待糖全部溶化后即可（约5天）。

＊第1天是冷冻的梅子融化的过程，瓶子外侧会不停有水滴渗出，可以在瓶子底下铺一块抹布。

＊把糖浆转移到清洁的、方便倾倒的瓶子中，放入冰箱冷藏保存，约2个月之内喝完。

简单地把砂糖和梅子交替放入瓶中即可。梅子预先冷冻这个步骤，既可以加快完成的速度，也能最大程度提取出梅子精华。

做法

1. 把梅子仔细清洗过后取出放入滤碗，用清洁的毛巾擦干梅子表面水分。用牙签剔除梅子的蒂，在梅子肉上戳出若干小孔。

2. 将梅子按照一层糖一层梅子的顺序交替放入清洁的密封瓶里，注入伏特加。放置在阴凉处，待糖全部溶化后即可。

＊酿好的梅子酒3个月以后可以开始饮用。放置1年以上将变得更加醇厚美味。

在梅子肉上戳出若干小孔，可以防止在酿制的过程中梅子变得皱巴巴。梅酒里面的梅子捞出来就是大人的小点心。

孩子们喜欢这个饮品，
因此乐意帮大人一起做！

红紫苏糖浆

完成所需时间：30分钟

孩子们动手
料理食物

★ 摘红紫苏的叶子
★ 加醋&柠檬汁　等等

红 紫苏糖浆兑水是孩子们很喜欢的一道夏日饮品，在我家人气高到几乎互不相让的程度。酷热的夏天，身体会不由自主地寻求一种清爽的酸味。醋以及柠檬中含有的柠檬酸具有解除疲劳的作用。既能够在运动后补充身体流失的水分，对防止夏季倦怠症也很有效果。朋友的孩子是个足球少年，据说他非常喜欢这个自制的饮品，觉得比运动专用饮料还要好。

红紫苏只有在当季的时候才买得到，时间非常短，一旦上市要马上购买。不趁正当时节做好这一瓶糖浆，整个夏天都会很困扰，因此一定注意不要错过。

材料（适合制作的分量）

红紫苏（只留叶子）……… 600g
黄蔗…………………………… 250g
米………………………………… 50ml
柠檬…………………………… 1个份

＊若无黄蔗糖可换其他砂糖代用。

做法

1. 把红紫苏叶从茎部摘下。仔细用水洗过后沥干水分。

2. 锅中煮沸1L水，放入叶子。再次沸腾后转为小火，煮10分钟后过滤一遍。

3. 把汤汁倒回锅中，加入糖并煮化。关火，倒入米醋和柠檬汁混合。转移到清洁的密封瓶中。

＊放入冷藏保存，约3个月内喝完。

边让孩子摘叶子，边告诉他："你知道等下这个会变成什么吗？"让他的头脑中把现在做的工作和之后的成品联系起来。

做好的成品是约定好首先由孩子品尝的。如果使用的是日本无农药柠檬，可以在煮糖浆的过程中，把挤掉了汁液的柠檬皮放入锅内一起煮。

加入米醋和柠檬汁，之前的黑色变成了鲜艳的紫红色。让孩子亲眼看到这样的变化也是料理的乐趣之一。

肚子饿的时候，很喜欢把它作为零食的代替品"咔呲咔呲"大嚼。

甜醋腌荞头

完成所需时间：11天以上

★ 剥荞头的皮
★ 撒盐 等等

我们妈妈之间常常会聊到"孩子们居然很喜欢腌渍食物"这个话题。可能是因为带有甜味，甜醋腌渍物好像特别受到孩子们的欢迎。甜醋腌荞头就是其中一种让我家孩子们痴迷的腌制物。

有时候虽然马上要到吃饭时间，孩子撒娇喊着肚子饿的时候，这道甜醋腌荞头就能派上大用场。

取一点儿端上餐桌，孩子就很开心地吃了起来。即便他们没有食欲的时候，唯独能津津有味地吃着腌荞头，因此这道腌渍物真的帮了我很大的忙。

剥荞头的皮这个工作简单但琐碎，特别适合交给孩子去做。孩子似乎比较热衷于此，不需要很久就能剥完，让我轻松很多。

材料（适合制作的分量）

新鲜荞头···············1kg
盐····················50g
〈腌渍汁〉
　米醋、水···········各300ml
　甜菜糖·············240g
　盐·················20g

*若无甜菜糖可换其他砂糖代用。

把盐撒入保鲜袋中会比较轻松。盐不要撒到袋子外面，紧紧封好袋口，这个工作交给孩子也没有问题。

做法

1. 剥去荞头黑色的表皮，切掉头尾。仔细清洗过后，擦干表面水分。

2. 把荞头装入拉链保鲜袋，均匀撒入盐。挤出袋中的空气，封好放入冰箱中冷藏，把荞头盐渍1周以上。

3. 取出荞头放在水龙头下冲洗，再放入装满水的深盆中浸泡，1天中换水3～4次，去除荞头中多余的盐分。

4. 把腌渍汁放入锅中煮沸，关火晾凉。擦干荞头表面水分，放入密封玻璃瓶，注入腌渍汁。放置在阴凉处，3天后可开始食用。

*放置在阴凉处保存，约6个月内吃完。

过程中记得常常提醒孩子"剥掉脏的皮噢～"。就像剥大蒜的薄皮一样，孩子们要比大人更擅长这些细致的作业。

记住甜醋汁的基础做法，使用起来非常方便！

用来腌渍荞头的甜醋汁，可以作为腌渍其他食材的基础腌渍汁来使用。试一下腌嫩姜吧。

材料和做法 嫩姜500g连皮切成薄片。锅中煮沸足量的水，加入盐1/2小勺后倒入嫩姜片。再次沸腾后捞出放入滤碗，沥干水分后，用和腌渍荞头一样的甜醋汁腌起来。

*放入冰箱中冷藏保存，约1个月内吃完。

玩乐和料理食物一体化

玩乐的时间和料理食物的时间不要分开，
尽量使两者一体化。
这是能让自己变轻松的重要选项

做团子和玩黏土同样开心。我一边准备做团子的材料，孩子们则已
经开始玩起来了。告诉孩子"食物不是玩具噢"，规定他们玩耍的范
围，确保食物依然能够吃。

　　没有时间和孩子一起料理食物，我觉得有这样想法的爸爸妈妈应该不在少数。但是大家不都很尽
力地腾出时间陪孩子一起玩吗？比如过家家、玩游戏、带孩子出门，等等。

　　我和孩子开始一起料理食物，我觉得很大的一个原因是因为我不太擅长陪孩子玩：一起做过家家
的游戏，假装吃着什么东西，还要称赞"很好吃哎"。我是非常不擅长陪孩子做这种游戏的母亲。偶
尔陪一下，脑子里却在想着今天晚上吃什么呢、那个工作还没做完啊，完全不在状态。面对这样心不
在焉的妈妈，想必孩子也不会觉得有意思吧。既然要玩过家家，那不如就玩真的好了，于是我就这样
开始带着孩子一起开始料理起了食物。

　　我站在厨房里的时候，旁边的女儿用搅拌器去混合已经放入盆中的豆子。这是当时才刚满1岁，还不能胜任其他事情的长女的工作。

　　我是一个有自己工作的妈妈，同时抚养着三个孩子，因此每一天都相当忙碌。因为没有太多时间和孩子一起度过，我就开始思考，比如可不可以把我做饭的准备时间，同与孩子相处的时间结合起来。而和孩子一起料理食物就是我想到的解决方法。如果对孩子说"妈妈很忙，你去看电视吧"，这样就失去了和孩子相处的时间。大量使用外面卖的现成食品，节约时间去陪孩子的做法，我也不喜欢。因为这是与我想在料理的时间段里和孩子一起玩的想法是背道而驰的。用捏团子来代替玩黏土，把盆子和搅拌器一起交给孩子代替玩过家家。这样既能满足孩子的玩乐心，我又能同时做料理。比起把玩乐的时间和料理的时间分开来说，更加轻松自在无压力。

夏 summer

说起夏天，一下子想到暑假。
和孩子一起度过的时间变多了，
要时时陪着孩子玩似乎又比较困难。
这个时候，就可以一起料理食物。
自己做的冰淇淋、小甜点的美味＆趣味，
不管是大人还是孩子，都会倍感欢欣。

过滤番茄酱的工作，比起一个人来做，和孩子一起做，大人会更开心！

番茄酱

孩子们动手料理食物

★ 摘番茄蒂
★ 用滤碗过滤
★ 过程中搅拌锅中的酱 等等

大家不会常常觉得孩子是真心喜欢番茄酱吗？我家的孩子和朋友家的孩子都喜欢。就算一道菜里面多多少少放了孩子不喜欢的食材，只要是番茄酱味道的，都能够很香地吃下去，因此番茄酱应该算是一味比较值得妈妈们感激的调味料吧。

因为是经常使用的调味料，在大量的成熟番茄上市的时候就可以尝试做起来。现成的番茄酱甜味比较重，自己做的话就可以根据喜好来调整。我一般用入口温和醇厚的枫糖浆来增加甜味。

虽说是番茄酱，但它浓厚的质感可以用来拓宽料理的范围。比如把它作为披萨的酱料也很不错噢。

虽然只是参与了摘番茄蒂的工作，孩子似乎觉得自己和妈妈一同制作了番茄酱。因此再小的工作我也会让孩子一起参与。

材料（适合制作的分量）

番茄··················· 500g
　　　（中等大小2~3只）
番茄罐头··········· 1罐（400g）
　　　（已切成块状）
洋葱··················· 300g
　　　（小个2只左右）
橄榄油··················· 1大勺
盐··················· 20g
丁香··················· 5粒
罗勒··················· 2片
枫糖浆··················· 40ml
黄芥末酱··················· 1小勺

做法

1. 番茄去蒂后切成1cm左右的小块。洋葱切成碎末。

2. 橄榄油倒入锅内中火加热，炒洋葱末。加入番茄、番茄罐头、盐、丁香、罗勒混合。待沸腾后把火调小煮30分钟左右，不时地搅拌防止粘锅底。

3. 用滤碗过滤后倒回锅中，加入枫糖浆、黄芥末酱，开小火煮4~5分钟。转移到清洁的密封瓶中保存。

* 放入冰箱中冷藏保存，约2周内吃完。

深盆中叠放滤碗，用硅胶铲轻压过滤。为了方便孩子操作，要选用能够牢牢固定的深盆。

那不勒斯意大利面

孩子们很喜欢的那不勒斯意大利面，番茄酱绝对是决定面是否好吃的灵魂。我家的做法是加入火腿、胡萝卜、青椒、洋葱一起炒，用这种最基本的做法做就很好吃。再添一个荷包蛋则更受欢迎。

到夏天，我家餐桌上就会常常出现这道冷汤。烤鱼的工作交给吐司炉或者烤鱼炉，不用一直守在灶火旁边。这是一道非常适合天气太热提不起劲头做料理的夏日。

不知道是不是因为可以做成类似味噌汤泡饭一样，虽然这是不太符合礼仪的一道料理，但或许是因为炎热的夏天里凉凉的食物比较好吃，总之孩子们是很喜欢这道冷汤的。

撕碎干货，用棒槌研磨。正因为有好几道工序，适合与孩子们协作，在食欲不佳的夏日请一定试试看。

七岁的儿子总是想一个人完成所有的步骤。我总是跟他说"妈妈帮你固定好钵子，你可以用两只手一起磨噢"。研磨这个工作和孩子两个人配合完成，同时也可以教导孩子怎样使用研磨钵。

在研磨钵里"咯噔咯噔"研磨食材，
对孩子来说是一种新奇的体验。

冷 汤

孩子们动手料理食物
★ 撕下竹荚鱼肉
★ 研磨鱼肉 等等

提醒孩子"一开始先剔掉中间的大鱼刺。剩下很多小鱼刺，注意不要弄伤手指"。

材料(4人份)

竹荚鱼干·······················1条
青紫苏叶·······················8片
黄瓜··························1根
豆腐（木棉）····················1块
A ┌ 味噌（米）·············3大勺
  │ 芝麻酱（白）·········2大勺
  └ 芝麻（白）·············1大勺
高汤（昆布）·················600ml
盐·························1小撮
冰块·························1杯
温米饭·······················4茶碗

做法

1. 竹荚鱼干用吐司炉或者烤鱼炉烤熟，去皮去骨。青紫苏叶切碎。黄瓜切成薄片，用盐抓一遍。豆腐放入滤碗，滤水30分钟左右。

2. 把鱼肉放入研磨钵，磨到成黏稠状。加入A继续研磨。倒在铝箔烤纸上，均匀涂抹开，摊成5cm厚的鱼肉饼。放入吐司炉烤至表层有焦色。

3. 把2放回研磨钵内，慢慢加入高汤捣开。倒入青紫苏叶、挤掉水分的黄瓜片、用手撕成一口大小的豆腐。

4. 加入冰块，舀入温热的米饭上享用。

首先让孩子一个人挑战。但是我发现，在研磨钵下面垫好一层布巾，用两只手帮孩子把钵子固定好，让孩子用两只手研磨会比较轻松。孩子也能一同参与寻找最好方法的过程。

在所有料理食物的工作中，我家孩子们最喜欢做的，莫过于把食材放入保鲜袋中敲打。去野营的时候，朋友的孩子们也很喜欢这样做。

这个菜单的一大魅力，就是它能够完全在保鲜袋中完成，而且不用火、最少限度地占用料理工具，因此妈妈可以常常喊上孩子"一起来做吧"。初次带领孩子料理食物的妈妈，请一定试试看！

孩子喜欢敲打的工作。
推荐初次带领孩子料理食物的妈妈尝试！

拍黄瓜和山药沙拉

孩子们动手
料理食物

★ 拍打黄瓜和山药 等等

材料（4人份）

黄瓜·······························1根
山药····························· 200g
梅干（大）······················1颗
青紫苏叶·························5片
　┌芝麻（白）···············2小勺
A │芝麻油（白）、酱油········
　└··················· 各1/2小勺

做法

1. 黄瓜切掉头尾，每根切成2段。山药削皮。梅干剔掉核，果肉用刀切碎。青紫苏切碎。

2. 黄瓜、山药放入保鲜袋。用研磨棒槌等在保鲜袋上面敲打。再用手压成适合食用的大小。加入梅干、青紫苏和A，在袋中揉均匀入味。

告诉孩子"袋口用左手抓紧噢"，再"咚咚咚"敲打。可以用研磨棒槌或者擀面杖。

准备好中华冷面的材料，把面分别装入盘子中，孩子料理食物的工作——装盘就开始啦。不用把做法演示给孩子看，不动手也不动口，把这份工作全权交给孩子。虽然妈妈有时会想"这里稍微有点……"但是信任孩子也是很重要的事情。

孩子们自有一套他们自己的想法和做法，有时会做出很有趣的成品来。激发孩子柔软的想象力，也是料理食物的乐趣之一。

装盘也是重要的料理食物。
会被孩子们柔软的想法感动！

中华冷面

孩子们动手
料理食物

★ 装盘 等等

材料（4人份）

鸡蛋·······················3个
火腿片·····················6片
黄瓜·······················2根
中华面·····················4份
〈浇汁〉
　酱油、米醋············各50ml
　砂糖、芝麻油、熟芝麻粒
　（白）··············各2大勺
盐························少许

做法

1. 鸡蛋放入盐打成蛋液。摊成蛋皮，切成5mm左右的细丝。火腿也切成5mm左右的细丝。黄瓜斜斜切成薄片后再切成细丝。

2. 中华面煮软后放水龙头下冲洗，放入冰水中过一遍。捞出沥掉水分。

3. 把面分别装入盘子中，用准备好的食材装盘。淋入调制好的浇汁即可享用。

对三岁的孩子来说，应该只能算把食材放上去。随着孩子成长中慢慢吸收知识和诀窍，装盘会越来越漂亮。

用勺子"嘭"一下舀出的瞬间，
孩子们超级开心。

波子汽水糖

作为大人是不会想到自己去做波子汽水糖的。自从知道了它简单的做法后，我就经常和孩子一起做，它已成为我家必备的小点心。因为所需的材料也很简单，有时候我会带着材料去朋友家，让孩子们和小伙伴一起制作。对方不管大人还是小孩都又惊又喜，让我觉得教他们做这个糖非常有价值。

让孩子回答："你闻到什么味？吃到什么味？"这个像理科课程一样进行的制作过程，孩子们会显示出更浓厚的兴趣。朋友的孩子甚至把做波子汽水糖当作是暑假自由研究的题目。在暑假里制作波子汽水糖，足够度过愉快的一天。

干燥以后，把糖放入密封瓶中。用草莓糖浆等来上色虽然也很可爱，不过我最中意全白的颜色。

过筛粉类的时候，提醒孩子"要咚咚咚轻轻敲啊，不要让粉飞得到处都是噢"。为了不把周围弄脏，建议给孩子用大一点儿的深盆。

变身为给朋友们的小礼物！

只要充分干燥，就能够像现成的波子汽水糖一样随身携带。两个一组用油蜡纸包成糖果的样子就非常可爱。适合让孩子们去朋友家玩时，当作随身小礼物带过去。把自己能够做波子汽水糖的惊奇感一起作为礼物分享。也可以装入可爱的密封瓶和果酱瓶中噢。

材料（适合制作的分量）

A ┌ 柠檬酸（食用）… 1／2小勺
  └ 柠檬汁、水………… 各1小勺
B ┌ 糖粉……………………… 160g
  │ 玉米淀粉………………… 20g
  └ 小苏打（食用）……… 1小勺

做法

1. 把A的材料放入小容器中，使柠檬酸溶化。

2. 深盆中放入B的材料混合搅拌，加入A。双手像揉面一样轻揉，使得所有材料充分混合均匀，再用细孔的滤勺过筛。

3. 用小量勺舀一勺2，并用手指压实。倒扣量勺轻轻敲打，使量勺中的糖球掉落在砧板上。放置30分钟使糖干燥。

用比较深的量勺来制作糖球的形状。只要"哎"一声给它翻个身就可以了。

如果有冷冻水果即刻能够完成！
孩子对"冰淇淋"几个字总是十分敏感。

猕猴桃巧克力薄荷冰淇淋

★ 把冷冻水果放入料理机
★ 用料理机打匀 等等

孩子们整个夏天都在喊"冰淇淋"，当然会给他们吃一些现成品，但是会常常想不能全部让他们吃现成品。因此只要提前冻好水果，即刻就能做出来的这个冰淇淋，帮了我很大的忙。

既能够充分摄取到水果中的维生素，又可以自己调节甜度，还有自制的安心感，真的非常方便。基础是冷冻水果，慢慢加入糖浆或者牛奶、生奶油、豆奶等混合即可。口感顺滑，有点像意式手工冰淇淋的风格。"加了水果以后，变成什么味道了？"像这样实验性地制作，我家的孩子们非常享受这个过程。

水果切成薄片，放入冷冻保鲜袋中冷冻。随时可以取出需要的量。也可以使用现成的冷冻水果。

材料（适合制作的分量）

猕猴桃·······················3个
薄荷叶（新鲜）··············10g
白砂糖·····················100g
水·························100ml
巧克力碎粒·················30g

做法

1. 猕猴桃剥去皮纵向对半切，再切成5mm左右的薄片。平放入冷冻保鲜袋中冷冻。

2. 锅中放入白砂糖和水，开中火熬煮。沸腾后转为小火，加入薄荷叶，煮至糖汁收到1/2量。取出薄荷叶，晾凉糖浆。

3. 把冷冻猕猴桃片放入料理机，分3次倒入糖浆，把猕猴桃打软。加入巧克力碎粒，搅拌到剩余一定量的完整巧克力颗粒。装入容器中，添上薄荷叶（分量外）。

把水果放入料理机的时候，提醒孩子不要触碰料理机的刀片。稍微打一下就可以品尝味道了。

香蕉×酸奶冰淇淋

切成片冷冻好的香蕉2根、无糖原味酸奶200ml、蜂蜜2~3大勺放入料理机内打到顺滑。

桃子×豆奶冰淇淋

切成片冷冻好的桃子2个、豆奶50ml、黄蔗糖2~3大勺放入料理机内打到顺滑。

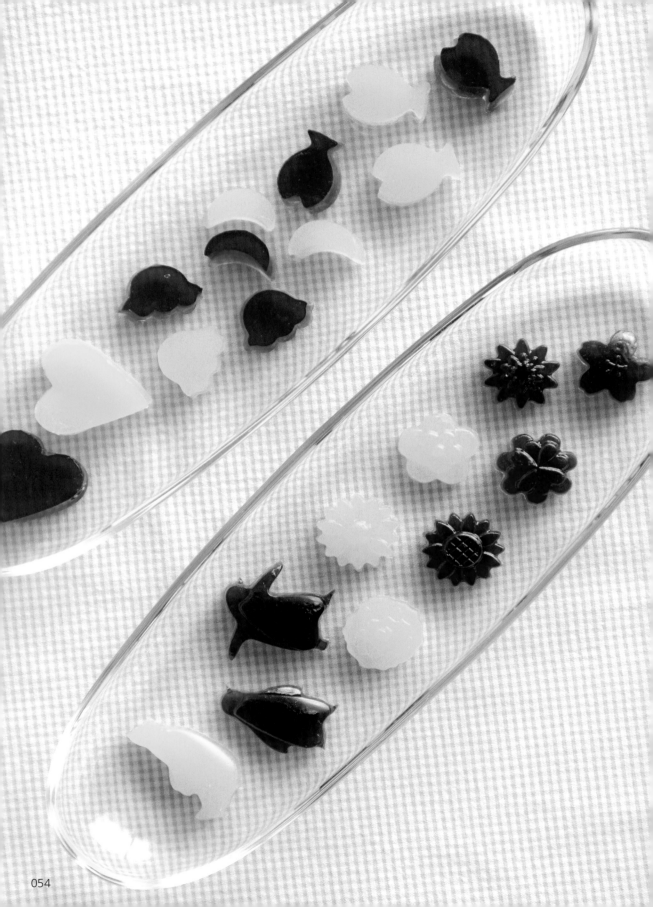

长女小花从小就喜欢果汁糖，所以总是把果汁糖当作零食，不一会儿就能吃掉一整包。一则钱包瘦得快，二则甜度太高很是让我在意。于是我试着去找自制果汁糖的方法，后来发现其实只要做出明胶含量高的果冻就可以了，从那以后我家的果汁糖就完全由我自己动手制作。

如果有硅胶模具，就能够一点儿不浪费地做出可爱形状的果汁糖。如果没有，可以简单地倒入托盘，用小小的饼干模具等压出形状，这个工作就交给孩子们来完成。不过只要一压出形状，孩子接下来马上会送入自己嘴里，片刻就全部吃完了，所以这也是一个待解决的难题（笑）。

和小学生大小的孩子一起，也可以同时制作普通的果冻。通过调整明胶的浓度，可以让孩子体会到成品的不同，有点像上理科的课程一样。从料理食物这件事情上，我觉得其实可以学到很多东西呢。

从硅胶模具中脱模时，是最开心的瞬间。不好脱模的时候，把硅胶模具放在热的湿毛巾上则比较容易脱模。

孩子超喜欢的果汁软糖可以自己做！
能够开心地脱模，孩子们会很满足。

果汁软糖

孩子们动手料理食物
★ 从硅胶模具中，取出软糖
★ 用曲奇模具压出形状 等等

材料（适合制作的分量）
葡萄汁、橙汁（100％果汁）………………………… 各180ml
食用明胶粉……………………40g

做法

1. 小锅中倒入葡萄汁，撒入一半的明胶粉。开小火使明胶粉溶化，注意不要煮沸腾。待明胶粉全部溶化后，倒入用水润湿过的硅胶模具中，或者直接倒入托盘中。

2. 橙汁按照葡萄汁同样的方法处理。

3. 待完全冷却后，放入冰箱中冷藏1小时以上定型。倒入硅胶模具中的果汁凝固物直接脱模，倒入托盘中的果汁凝固物用曲奇模具压出形状。

倒入托盘中的果汁凝固物，可以用小的曲奇模具或者蔬菜模具压出形状。可以自己动手压出各种各样的形状，孩子觉得非常有趣。

刨 冰在夏天登场的次数不容小觑。孩子们很愿意自己做刨冰，吃得也很开心，连我的份都会帮我做好。通常都会浇上自家制的草莓糖浆、梅子糖浆等享用。但是我觉得吃多了有点腻，于是就仿照咖啡馆的感觉，把加了炼乳的牛奶冻一下做成刨冰，结果大受欢迎。像白熊冰淇淋一样，加入红豆馅或者水果罐头，即刻变成很棒的一道甜点。

这道刨冰和通常的刨冰不同，最大的特征是比较像削过的柴鱼花。给总是有固定搭配模式的刨冰带来新的变化，这也是我的乐趣所在。

准备工作是把炼乳加入牛奶中冷冻起来。孩子偏爱香浓的炼乳，因此从准备阶段开始就欢欣雀跃起来。

做刨冰就交给孩子来完成吧。确认出冰口的位置，不断转动接冰器皿，整理出一碗形状漂亮的刨冰。

刨出牛奶口味的刨冰是孩子们的工作。

白 熊 风 刨 冰

孩子们动手
料理食物

★ 把牛奶和炼乳混合
★ 做刨冰 等等

材料（适合制作的分量）

牛奶·······················200ml
炼乳（加糖）··············60ml
红豆馅、橘子罐头········各适量

做法

1. 牛奶中加入炼乳充分搅拌均匀。放入刨冰专用制冰器里冷冻。
2. 把1放入刨冰机，摇动机器使刨冰落在容器里。添上红豆馅和橘子。

菠萝刨冰

和上面的刨冰做法一致，把牛奶和炼乳充分搅拌均匀。
取2片罐头菠萝，加入制冰器里一起冷冻。接下来就是和平时一样的做法，刨出一份口感清爽的菠萝冰。

焦糖牛奶刨冰

和上面的刨冰一样，用加了炼乳的牛奶制成刨冰，浇上现成的焦糖糖浆即可。
换成巧克力糖浆当然也很美味。

关于孩子挑食的二三事

对家长来说，孩子挑食是一个令人头疼的问题。
比起挑食，我觉得什么都吃的孩子不仅能体验到生活的丰富多样性，
并且在成长过程中摄取的营养也不会偏失。
所以努力寻求解决办法的爸爸妈妈应该不在少数吧。
在这里，我总结了关于孩子挑食的二三事，希望能够对苦恼的读者父母有所帮助。

　　我觉得很庆幸的是，我家的三个孩子基本上不挑食。回想起不挑食的理由，可能由于他们平时都与我一起料理食物，因此对于吃这件事情，他们要比一般孩子更为关注。即使有少许不爱吃的食材，因为亲手料理了食物，做出来以后他们会理所当然地往嘴巴里送。

　　这个现象，在我有时开设的亲子料理教室里也会常常看到，"平时明明不吃的现在却吃了！"很多妈妈都表示非常惊奇。有些孩子的挑食，可以让其通过触碰食材，和大人共同参与烹调过程来克服。当然并不是所有挑食的习惯都能够依靠这样单纯的办法解决，而料理食物确实是其中行之有效的一种方法。

　　大人在过程中不需要太焦急。因为你越强硬逼迫，孩子们越难以接受。试着轻松地去想"不就是3年没吃这个东西嘛"。话虽如此，孩子不喜欢的东西就不端上餐桌这个做法也有待商榷。

　　如果没有吃的机会，孩子就没有改掉挑食的机会。也不需要太过频繁刻意，只要时不时做一些端上餐桌，持续保持这个习惯比较重要。理想的过程应该是让孩子从一口、两口开始慢慢来，循序渐进直到最终克服挑食。

　　探究孩子不喜欢某些食材的理由，考虑能够减轻或减少讨厌理由的菜谱，也是解决孩子挑食比较有效的方法。有时候孩子并不讨厌食材的味道，而是因为不方便咀嚼而不喜欢。通过改变切菜的方法而克服了挑食的前例也不少，因此各位家长值得一试。另外，隐藏食材本身样子，让孩子吃下去的方法也有，但这个做法无法促使孩子产生主动克服挑食的意识。比起用这种方法，我认为让孩子拥有主动克服挑食的自信心比较好。

要养成类似"不就是三年没吃这个东西嘛"这样的轻松想法，大人不要想得太严重才是解决问题的最好开始。但是时不时把孩子不喜欢吃的东西端上餐桌这个习惯也很重要。

我家常备的醋浸蔬菜，对孩子们来说就跟零食一样受到他们的热烈欢迎。我家的孩子们基本上是喜欢吃蔬菜的，和朋友家人一起去野营的时候，朋友的孩子也争相大吃特吃。"明明不喜欢吃蔬菜的呀！"让他的妈妈觉得非常惊奇。

使用酸味不太强烈的米醋，又配合了一定的甜度，这是克服挑食的重点。

克服挑食的菜单 1

因为做成了偏甜的口感，朋友家的孩子也很喜欢。

醋浸综合蔬菜

材料（适合制作的分量）

黄椒……………………1个
紫洋葱…………………1/4个
黄瓜……………………1根
西芹……………………1根
盐………………………1小勺

*醋浸小番茄：去除15个小番茄的蒂，用蜂蜜4大勺代替醋汁原液里的糖，省去步骤1的工作（番茄皮不剥去也没有关系）。

〈醋汁原液〉

| 米醋、水………………各100ml |
| 黄蔗糖…………………3大勺 |
| 盐………………………1/2小勺 |
| 黑胡椒粒………………3粒 |
| 丁香……………………2粒 |
| 罗勒……………………1片 |

*放入冰箱中冷藏保存，约2周内吃完。

做法

1. 黄椒去蒂去籽，随意切成小块，洋葱切成薄薄的放射形，黄瓜和西芹切小块。在蔬菜上撒盐，放置20分钟左右。沥干蔬菜中析出的水分，放入清洁的玻璃瓶内。

2. 把醋汁原液倒入小锅中，煮沸后关火。待完全冷却后倒入1的瓶中。放置一晚即可食用。

很多孩子都不喜欢以香菇为代表的各种菌菇。似乎是由于软韧的口感不利于咀嚼，因此要通过改变切法来方便孩子咀嚼。还有一些孩子是因为不喜欢菇类特有的香味，如果用肉类和味噌来充分调味，孩子就不会太去在意香味。

把不喜欢的食材和喜欢的食材搭配起来，通过调味来克服挑食的毛病，因此我特意用孩子们喜欢的面类来搭配了这道肉酱。

克服挑食的菜单 **2**

为了减少消除孩子挑食的原因，重新组合食材。

香菇味噌肉酱

材料（适合制作的分量）

肉糜	400g
香菇	4个
洋葱	1/2个
大葱	1根
味噌（米）	40g
酱油、白砂糖、酒	各2大勺
A 生姜汁	1小勺
盐	1小撮
植物油	1大勺

做法

1. 肉糜放入深盆中，加入A后搅拌均匀。香菇切除根部，切成细末。洋葱和大葱也切成细末。

2. 平底锅加油开中火热锅，倒入香菇、洋葱和大葱煸炒。待全部变软后，加入 **1** 的肉糜，边捣开边炒。炒至水分基本收干为止。

* 在煮好的乌冬面上，浇上适量的香菇味噌肉酱和黄瓜丝，撒上白芝麻就是图片上的一餐。吃剩的肉酱可以冷冻保存，方便食用。

菠 菜入口时的涩味一般是孩子不喜欢菠菜的原
因。另外大概是咀嚼后残留的纤维不容易吞
咽，导致孩子看到菠菜就皱眉头。于是我把菠菜打
成糊，加入麦芬中。这样可以使菠菜的涩感消失，
而颜色却又很好地被保留了，对培养孩子产生"我
也能吃菠菜了"的自信很有帮助。

克服挑食的菜单 3

大幅改动食材的表现形式，
也是克服挑食的一个好办法。

菠菜咸味麦芬蛋糕

材料(6个)

菠菜·····················80g

A ┌ 小麦粉·················150g
  │ 全麦粉··················50g
  │ （若无，可用小麦粉代用）
  │ 烘焙小苏打···········2小勺
  └ 盐·····················1小勺
豆奶·····················100ml
橄榄油···················50ml
大葱·····················1根
可溶芝士碎···············30g

做法

1. 烤箱预热至180℃。把A的材料混合均衡，用细孔的滤勺过筛入深盆。

2. 菠菜粗粗切碎。把豆奶、橄榄油、菠菜一起放入搅拌机，搅拌至顺滑。

3. 把2的液体加入1的深盆里充分搅拌混合，均等倒入布丁模或者麦芬模里。把芝士碎均匀撒入每个麦芬上，放入180℃的烤箱中烤20～25分钟。

大多数孩子都不喜欢生鲜蔬菜沙拉。但是看到朋友家的孩子经常吃某炸鸡连锁店的卷心菜沙拉，我就在想会不会因为孩子不喜欢生鲜蔬菜的口感才不愿吃的呢。如果把蔬菜稍微变软一些，他们大概就愿意吃了吧。因此我试着把蔬菜用盐稍微抓过后，和浇汁一起拌匀，结果大获成功。受欢迎的秘密是因为我调配出了偏甜的浇汁。

克服挑食的菜单 4

孩子不喜欢生鲜蔬菜毛毛躁躁的口感，
如果用盐抓过让蔬菜变软，会更容易入口些。

抓盐卷心菜沙拉

材料（适合制作的分量）

卷心菜……………… 3片（200g）
胡萝卜………………………… 1/2根
盐………………………………… 1/4小勺
〈浇汁〉
　橄榄油………………………… 2大勺
　米醋、蜂蜜………… 各1大勺
　盐……………………………… 1小撮
芝麻（白）………………… 适量

做法

1. 将卷心菜、胡萝卜切成细丝，放入深盆。加入盐轻轻抓一遍。

2. 把浇汁中的调味料充分混合。轻轻挤掉卷心菜和胡萝卜的水分，倒入浇汁拌匀。盛入盘中撒上芝麻。

秋 autumn

红薯、栗子、南瓜……
一到秋天，孩子们喜欢的食材简直让人目不暇接。
很方便地就能举办体验收获的活动，同时也是增加料理食物很好的机会。
季节的活动和料理食物联系起来，
我觉得更能成为大人孩子们之间愉快美妙的共同回忆。

知道喜欢的食物原本拥有怎样的形状，料理食物的乐趣倍增。

酱油盐渍鲑鱼子

★ 分离鱼子
★ 往密封瓶中倒入腌渍汁 等等

不仅我家的孩子，包括朋友的孩子都很喜欢盐渍鲑鱼子。因此到了秋天，鲑鱼子大量上市的时候，我总会做一些酱油盐渍鲑鱼子。

自家制盐渍鲑鱼子的精妙的口感，连我自己都觉得惊叹并沉迷。鱼子的膜不过分硬，吃一口能感觉到富有弹性的鱼子在嘴里一粒粒爆开。这是唯有自己制作才能享用到的特别美味。托孩子的福，让我在料理食物的过程中感受到了全新的喜悦。

剥离鱼子是非常耗时的工作，大部分都要由大人操作，孩子看到喜欢的鱼子原本的模样，会很有兴趣地来帮帮小忙。对于孩子尚未能独立完成的工作，我觉得引导他们去观察大人操作的过程非常重要。

材料（适合制作的分量）
鲑鱼子（生）……1块（500g）
盐………………………… 1/2杯
〈腌渍汁〉
　酱油、酒……………… 各40ml
　味啉…………………… 25ml
　昆布…………………… 5g

把鱼子放入盐水中更容易粒粒剥离。鱼子可能会稍微变白，但是会变回来所以不要担心。提醒孩子"要轻轻地，轻轻地"。

做法

1. 大深盆里放入盐1/4杯和40℃（类似洗澡水的温度）的热水2L。放入鲑鱼子，用指尖搓去薄薄的那层膜，轻轻取出一粒粒鲑鱼子，并倒掉热水。再次在大深盆里放入盐1/4杯和40℃的热水，洗去剩下的膜和血色，放入滤碗。

2. 然后把适量40℃的热水倒入深盆中，不要加盐，放入之前洗好的鲑鱼子。清除剩余的小小杂质，捞出放入滤碗沥干水分。再倒入另外一个摊好厨房纸巾的滤碗中，放置20～30分钟吸干水分。

3. 腌渍汁中的酒和味啉一起倒入锅中，开中火煮沸后转小火加热1分钟左右，使酒精充分挥发。关火，加入酱油和昆布，彻底晾凉。

4. 把鲑鱼子放入清洁的密封瓶中，倒入腌渍汁和昆布，腌渍1小时左右即可。

* 舀适量鱼子在温热的米饭上，撒上海苔，做成盐渍鲑鱼子盖饭。

* 吃剩的鱼子放入冰箱中冷藏保存，约2天内吃完。

盐渍鲑鱼子军舰寿司卷

只要餐桌上出现盐渍鲑鱼子，我家儿子太一总会把米饭捏成小圆球，用海苔片包成军舰的样子。不仅仅是太一，好像很多孩子都喜欢这个形状。就算没有专门做寿司饭，吃寿司的感觉也已经有了，把食物固有的样子偶尔变换一下端上餐桌，会平添别样的乐趣。

朋友妈妈以前做的这道红薯肉丸子，让我非常着迷，因此自己也尝试开始做了起来。这还是我初中二年级时候的事情，从那以后就成了我每年秋天必做的一道菜。一般被当作点心食用的红薯，通过这样的烹调成为下饭的主菜，也适合当下酒小菜，受到大人小孩一致的喜爱。

用红薯丁裹上肉丸子是很适合交给孩子的工作，孩子会认真地保质保量完成。

把红薯块镶进丸子里的工作
放心交给孩子！

红薯肉丸子

> 孩子们动手料理食物
> ★ 往丸子上撒粉
> ★ 用红薯丁裹住肉丸子　等等

材料(4人份)

红薯（中等大小）… 1个（200g）
〈肉馅〉
猪肉糜	200g
鸡蛋、莲藕	各1个
洋葱	1/2个
生姜泥	1小勺
淀粉	2大勺
盐	1/2小勺
胡椒	少许
淀粉、油炸用油 … 各适量

做法

1. 红薯连皮切成7～8mm小丁后浸入水中。莲藕一半磨成泥，另外一半切成5mm小丁。洋葱切成碎末。

2. 深盆中放入肉馅的所有材料，搅拌到变黏稠。把肉馅搓成直径约3cm的丸子，薄薄地撒上一层淀粉。

3. 擦干红薯表面的水分，把红薯丁裹在肉丸子上，轻轻捏整形状。开火把油加热到170℃，慢慢炸至丸子表面有焦色，内部的肉也炸透。

捏成丸子状的肉馅上撒些淀粉，裹上红薯丁。告诉孩子"捏成丸子，再仔细裹上红薯噢"。

做 炸土豆饼之类油炸食物时，我总会把裹面衣的工作交给孩子。这个对大人来说麻烦的工作，可以本着娱乐的心情把孩子也拉来一起玩。

裹面衣这一步骤多用掉的时间，正好用掉了不用炒肉糜节省的时间。换成用生火腿来增添鲜味。偷一点点小懒，增加了和孩子一起料理食物的时间。

圆溜溜的形状
适合孩子们裹上一层面衣!

炸南瓜饼

★ 把南瓜泥捏成球
★ 给南瓜球裹面衣 等等

材料(4人份)

南瓜······· 500g
生火腿······ 80g
盐、胡椒······ 各少许
肉豆蔻······ 1小撮
小麦粉······ 1/2杯
小麦粉、面包粉、油炸用油···· 各适量

做法

1. 南瓜去籽后连皮切成3~4mm的小丁。生火腿切成5mm小段。

2. 锅中放入南瓜丁，加入浅浅盖过南瓜的水，撒上少许盐（分量外）开中火，盖上锅盖蒸煮，直至用竹签轻松刺穿。倒掉锅中的水，继续开中火收干水分，把南瓜捣成泥并晾凉。

3. 把火腿加入南瓜泥中，撒上盐和胡椒。捏成3~4mm直径的南瓜球。小麦粉1/2杯用等量的水溶开。

4. 南瓜球按照小麦粉、3的水溶小麦粉、面包粉的顺序裹上面衣。开火把油加热到180℃，炸至南瓜球表面有焦色。

把面团搓成棒状，用叉子做出造型。
和做甜点一样开心！

意大利土豆汤圆

★ 捣土豆泥
★ 把面团搓成棒状
★ 用叉子做出造型　等等

我先生老家的田里种着各式各样的蔬菜，每个季节都会寄来很多，土豆就是其中的一种。有时候恰逢收到大量的土豆，我就会做这道意大利土豆汤圆。

孩子们喜欢和我一起烤曲奇，但毕竟不能只做小甜点。如果是意大利土豆汤圆的话，应该既能体会到做甜点相似的乐趣，也能做出一道正式的菜肴。

我家的意大利土豆汤圆不加太多的粉，因此做出来的成品滑溜溜软绵绵。孩子们的舌头喜欢软滑的感觉，所以这道意大利土豆汤圆，他们能吃下很多。

从搓面团时开始邀请孩子加入，一起切成小团。虽然有时候孩子会情不自禁地玩起面团，家长要尽量控制自己的情绪，不要太生气。

材料(4人份)

土豆	500g
小麦粉	160g
盐	少许

〈番茄酱〉

番茄罐头（整个）	1罐
（400g）	
洋葱	1/2个
橄榄油	2大勺
盐	1小勺

用作干粉的小麦粉、芝士、罗勒
.... 各适量

做法

1. 土豆去皮后切成5～6cm的小丁。倒入锅中，加入浅浅盖过土豆的水，撒上少许盐，开中火盖上锅盖蒸煮，直至用竹签轻松刺穿。倒掉锅中的水，把土豆捣成泥。

2. 趁土豆泥尚热时加入小麦粉，混合均匀。

3. 撒些干粉在砧板上，把**2**搓成棒状，揪成一个个小团，表面用叉子划出锯齿状。

4. 制作番茄酱。洋葱切成碎末。锅中淋入橄榄油后开中火，加入洋葱煸炒。待洋葱变软后加入一整个番茄罐头，一边捣碎一边翻炒并撒上盐。煮15～20分钟至黏稠。

5. 煮沸锅中的水，加入土豆汤圆继续煮。待汤圆全部浮出水面后，取出倒入滤碗沥掉水分。盛入盘中浇上番茄酱，再添上芝士碎末和罗勒。

芝士烤意大利土豆汤圆

用芝士代替酱汁浇在软绵绵的土豆汤圆上稍微烤一下，实在是太美味了。

做法 把煮熟的土豆汤圆放入耐热器皿中，撒上可溶芝士碎。放入200℃的烤箱，或者在吐司炉中烤7～8分钟，烤至整体上色。

挖 红薯是日本幼儿园和小学里常有的活动。对于自己亲手挖出来的红薯，孩子做起来就会特别有亲切感，因此，我觉得红薯是非常适合与孩子一起料理的食材。

烤红薯、红薯干非常好吃，不过也一定要试一下这道蜜汁炸红薯！因为能够交给孩子的工作比较有限，不过告诉孩子"红薯表面如果有水分的话，炸的时候油会溅出来比较危险"，让孩子拭去红薯表面的水分，这已经是很了不起的工作了。

我平时会用黄蔗糖来做焦糖，这里特意换成了白砂糖。因为从白色到褐色的显著化学变化，更能抓住孩子的眼球。

孩子似乎对白色的砂糖渐渐变褐色的过程很感兴趣。热的糖浆会飞溅出来，要提醒孩子在观察的过程中特别注意。

光是观察砂糖渐渐变色的过程，就足够令孩子激动欢呼！

蜜汁炸红薯

孩子们动手料理食物

★ 擦去红薯表面的水分
★ 观察焦糖颜色的变化 等等

材料(4人份)
红薯（中等大小）············1个
白砂糖·····················80g
水························· 50ml
酱油·····················1/2大勺
油炸用油·芝麻（黑）··· 各适量

做法
1. 红薯连皮切成1口大小的块状，擦去表面水分。把油加热到170℃，炸至红薯表面微微有焦色、用竹签轻松刺穿。

2. 锅中放入白砂糖开中火。待糖开始溶化变色时倒入水。转动平底锅，把锅中的焦糖熬至变褐色黏稠，加入酱油和红薯，均匀翻炒上色。盛入盘中，撒上芝麻。

把红薯干作为秋天的常备小点心

孩子们都喜欢甜甜的红薯。做成健康的红薯干可以迅速应付"妈妈，我肚子饿了"的状况，非常方便。

做法 红薯皮上均匀撒盐，整个上蒸锅蒸熟。用毛巾包住热红薯，轻轻剥去皮。斜斜切成5mm厚的片，摊开放在竹匾上，晴天拿到户外晒1~2天。

＊装进密封容器入冰箱冷藏保存。一周内吃完。

把奶油栗子泥挤出花纹，
是孩子欣然着手的工作。

蒙 布 朗

★	从栗子壳中挖出栗子肉
★	用料理机打碎栗子肉
★	挤出奶油栗子泥 等等

栗子是充分展现秋日魅力的代表食材。一到栗子大量上市的时节，就令人感受到季节的风情，并且情不自禁想要吃吃看。说起栗子，我每年都会做栗子涩皮煮。但是剥壳是件很麻烦的事情，带着孩子一起做的话难度非常高。所以我没有把所有的栗子都做成涩皮煮，而是分出一部分煮熟，做成奶油栗子泥。只要有这个，就能简单地做出孩子们喜欢的蒙布朗风小点心，直接抹在吐司上也相当美味。

和孩子一起把栗子肉从栗子壳中挖出来。最后挤栗子泥的步骤是孩子们非常热衷的工作。感受季节的同时，请一定要尝试一下！

从栗子壳中挖出栗子肉的工作交给孩子。这个时候可以让孩子品尝煮栗子本来的味道。

五岁以后就可以挤奶油栗子泥。为了防止栗子泥从上部袋口溢出，让孩子用一只手紧紧握住袋口。

材料（适合制作的分量）

栗子（带壳）…………… 200g

（剥皮后约150g）

生奶油………………… 100ml

枫糖浆………………… 2大勺

黄油（不含盐）………… 10g

曲奇…………………… 10～12片

可可粉、糖粉………… 各适量

蒙布朗芭菲

只要做好奶油栗子泥，就能简单地做出美味的小甜点。玻璃杯中装入切成小块的蜂蜜蛋糕，挤入栗子泥即可。也可以加入冰淇淋和打发的奶油、坚果等。把材料交给孩子，让孩子们开开心心发挥自己的创意。

做法

1. 栗子带壳放入锅中，加入浅浅盖过栗子的水开大火。沸腾后转为中火，煮30～40分钟至栗子变熟（切开一个确认）。捞出放入滤碗，用刀把每个栗子对半切。

2. 用勺子挖出栗子肉，倒入料理机内。再加入生奶油、枫糖浆、黄油，和栗子肉一起打成糊状。

3. 把奶油栗子泥装入绞花袋，转圈圈挤在曲奇上。装入盘子，撒上可可粉和糖粉。

季 节的活动尽可能让家人一起参与是我家的方针。有一年中秋特别忙碌，本来不打算做十五中秋夜的赏月团子了。孩子们不知从哪听说今天是中秋夜，就问我："团子今天要做的吧？"虽然忙碌的时候不太能顾上，但是孩子们天真的提问，却让我感觉到原来季节活动和料理食物是这么密切联系着的啊。只要有材料，做起来非常容易。因此那一年最后还是和家人一起做了赏月团子。

孩子们很喜欢把团子搓圆的工作，交给他们正合适。我一般用水磨糯米粉做团子。做赏月团子的时候，我会换成干磨糯米粉。不仅仅比较容易把团子堆起来，有弹性的口感吃起来有嚼劲，和用水磨糯米粉做出来的团子拥有不一样的美味。

揉面团要等温度降到可以触碰的程度。让孩子揉到可以拿起来的程度即可，接下来就交给大人来完成。

揉面、搓圆、堆起。
季节的活动，能够创造回忆

赏 月 团 子

孩子们动手
料理食物
★ 揉面团
★ 搓团子
★ 把团子堆高　等等

材料（15个）
干磨糯米粉······················ 150g
粳米粉·························· 50g
绵白糖·························· 30g
热水·························· 100ml
黄豆粉····················· 适量

做法

1. 深盆中放入干磨糯米粉、粳米粉、绵白糖后混合均匀。倒入热水，用筷子打圈圈混合至盆中粉基本结块。等温度降到手能触摸的程度，用手不断揉，直至把面团揉出弹力。把面团分成15等份并搓圆。

2. 烧滚一锅水，倒入团子。等一分钟后，用木铲在锅底轻铲防止团子粘锅底。等团子浮出来后，捞出放入冰水中过一下，放入滤盆。把团子堆放在盆中，撒上黄豆粉。

提醒孩子"团子最好搓成同样的大小噢"，因为孩子一般都会按照自己的喜好来。在下锅之前就开心地把搓好的团子一个个堆起来了。

用家中既有的道具来体验季节活动的乐趣

赏月团子一般是在三方（用来放镜饼等的木制高脚托盘）上铺白色的纸，再一个个堆叠好。
但是我一般不拘泥于这些规矩，就用家中既有的容器来装点。可以放在黑色平盘上，这次我用了高脚的漆器装了赏月团子，再用附近摘回来的芒草装点了一下背景。

长期坚持料理食物的诀窍

大人与孩子不努力过头
才是长久一起料理食物的诀窍

持续快乐料理食物的五个诀窍

1 不苛求自己成为完美的妈妈

2 『今天好像做不了』也OK

3 要有『孩子都爱随心所欲』的心理准备

4 把被孩子弄脏当成打扫卫生的契机

5 即使不能全程参与，只要让孩子参加一部分就好

　　"孩子们开心地料理食物的时候，站在旁边微笑着指导孩子如何操作的妈妈"。正在读着这本书的读者们，可能在脑中构筑了一个这样的我。哎呀，其实完全不是这样的。如果你想和孩子一起开始料理食物，就一定要忘记这样完美的妈妈形象。人一旦苛求完美，如果不能得到理想的结果就会倍感压力。而料理食物是一件需要长久持续下去才有意义的事情，因此严禁追求完美。

　　就算有"今天妈妈没有时间，你看一会儿电视吧"这样的日子也没关系，厨房被孩子弄得一团糟，大声责备也没关系，先做好这样的心理准备，再带领孩子一起料理食物吧。

　　孩子总是心血来潮随心所欲。不管什么事情，一开始即使愿意，中途就会厌倦，要么去做别的事情，要么就撒娇说我不想做了。对于这种状况，大人不能经常失望或者生气，因为会影响自己的积极性。要把孩子中途扔掉手头的工作去玩当作稀松平常的事情，这样才能让自己拥有一颗包容心。

　　刚刚还在一起料理食物，转眼3个人就去画画了。这就是孩子们随心所欲的天性。大人不要经常失望生气才能把料理食物这件事情继续下去。

　　一旦让孩子进入厨房，就有可能发生面粉漫天飞舞、地上产生积水、墙壁变得脏兮兮的状况，因此大人预先要有觉悟。把和孩子料理食物当作打扫的契机，以这样的想法来构筑面对问题的良好心态。比如在心中默想，谢谢孩子给予我清洁墙壁的机会。我如果感觉自己没有时间处理这些状况，会尽量避免把相关的工作交给孩子去做（参照P10）。

　　说起和孩子一起料理食物的话题，经常会被周围的人问起"孩子几岁开始可以一起参与"。我觉得如果只是简单触碰的话，2～3岁的孩子就可以。非要让孩子去做各种各样的事情只会增加难度。我觉得学会触碰和了解食材就已经是很了不起的事情了。大人要有这样轻松的想法，才能把和孩子一起料理食物长久地持续下去。

冬 winter

圣诞节和元旦，是特别的节日。
在那样的节日中，做一些和平时不一样的食物，
可以把这些特别的节日氛围传达给孩子。
冬天孩子们在室外玩耍的时间减少，
正好用来增加料理食物的机会，
也不失为一件乐事。

利用下着雨的休息日。
这正好是一项代替游戏的活动。

肉包子

孩子们动手料理食物
★ 擀包子皮
★ 用皮包住馅料 等等

做包子的工作，要积极地交给孩子

不光是做包子，孩子们对于用皮包馅的工作好像都很有兴趣。尽管对大人来说是稍嫌麻烦的事情，孩子们倒是能很专心地帮忙做好。最简单的莫过于即便形状歪歪扭扭也没有关系的烧卖。和饺子不一样，饺子如果包得不好，肉馅会在锅中漏出。而烧卖则没有这个担心，因此很适合与孩子一起做。

下雨的休息日不能出门，看到已经玩到在家不耐烦的孩子们。这个时候我就会问："那么，做不做？"像肉包子这样需要耗费时间的食物，平时不太会频繁地去做，因此偶尔就把做肉包当成一个有趣的活动。

肉包子并不是限定季节制作的食物，但是在寒冷的冬天，屋外呼呼吹着风，在屋内享用热气腾腾的肉包子，好像要比别的季节更加好吃。

让孩子们观察面团发酵的变化过程、擀包子皮、做包子，最后等待蒸笼不断飘出热气，各种各样新鲜有趣的步骤一个接一个，很适合和容易厌倦的孩子们一起做。当然也要有孩子中途放弃的觉悟。比起心不在焉地陪孩子玩游戏，这样的做法我认为好像更有意义一些。

醒好的面团不再黏糊糊沾手，可以交给孩子处理。告诉孩子"一边转动面皮，一边擀成圆形噢"。

材料（8~10个）
〈面团〉

高筋粉、低筋粉	各100g
烘焙小苏打	1/2小勺
盐	4g
砂糖	30g
干酵母	3g
温水	130ml
菜籽油	1大勺

〈肉馅〉

猪五花肉片	200g
洋葱	30g
大葱	10cm
淀粉	1大勺
生姜汁、芝麻油、酱油、蚝油	各1小勺

在擀好的面皮上包入肉馅，重复4次"把面皮的每个对角线粘起来"。对于7岁的儿子即使什么都不跟他说，已经能很漂亮地做出这个造型简单的肉包子了。

做法

1. 砂糖、干酵母、温水混合起来。

2. 大的深盆中放入高筋粉、低筋粉、烘焙小苏打、盐一起混合。加入**1**，用手揉至盆中没有多余的粉。

3. 把面团放在厨房案板上，边拍打边揉面团。等差不多成团时加入菜籽油，继续揉4~5分钟。把面团揉成漂亮圆润的形状后，放回深盆中，盖上保鲜膜在35℃的温度中醒面50分钟~1个小时（利用烤箱等的发酵功能）。

4. 制作肉馅。猪五花肉片、洋葱、大葱分别切碎。把所有的材料放入深盆中用手搅拌出黏度，再分成8~10等份。

5. 把**3**的面团先摊开，再分成8~10等份，每一份都揉成表面光滑的小面团。盖上干净的湿布放置10分钟。

6. 用擀面杖把每个小面团擀成圆形的面皮，包住肉馅。把包好的生包子放在剪成6cm正方形的烤纸上，再次在35℃的温度中醒面20分钟（2次发酵）。放入水已煮沸蒸气不断冒出蒸锅内，蒸10~13分钟。

根据磨法不同，萝卜的味道也会变化。
这样的小知识，只有在料理食物时才想起告诉孩子。

萝卜泥煮鸡肉

★ 在肉上撒调味料
★ 磨萝卜泥 等等

萝卜味道虽质朴，却是冬天的代表性食材。我总觉得萝卜泥煮菜散发着冬天特有的香气，因此每到这个季节，我会经常做来吃。

在孩子们参加的各种活动中，每到打年糕活动时，我发现孩子们都很喜欢用萝卜泥就着年糕吃。好像不止我家的孩子喜欢，因此如果可能的话，一定要让你们家的孩子也学会做这个萝卜泥。

我家的磨萝卜泥工作，是我先生和孩子们的工作。先生对孩子说"慢慢磨的话，会变得很甜噢"，看到这样的情景，我觉得如果夫妇把各自擅长的东西，通过料理食物教会孩子，这也是一件很不错的事情呢。

把萝卜切成适合孩子们握住的大小。光是这个小小的细节，就能使磨萝卜泥变得更容易。

材料（4人份）

萝卜	400g
（磨成泥后约为2杯左右）	
鸡腿肉	2块
A 酒	2大勺
酱油	1大勺
B 酒	2大勺
酱油、味醂	各1大勺
淀粉、油炸用油、鸭儿芹	各适量

做法

1. 萝卜磨成泥。鸡肉切成一口大小，淋上A。

2. 把1的鸡肉薄薄地裹上淀粉，放入170℃的油中炸至有焦色为止。

3. 锅中放入萝卜泥和B混合均匀，开中火。待沸腾后放入炸过的鸡肉，转为小火煮3~4分钟。盛入盘中，用鸭儿芹点缀。

使用有安定感的工具也是重点。可以方便孩子作业，也能减少危险的发生。让孩子把方便磨的部分磨好即可，剩下的由家长完成。

烤年糕拌萝卜泥

孩子很爱吃拌萝卜泥，所以正逢冬天家中有剩余的年糕，我推荐做这道烤年糕拌萝卜泥，作为午饭或者肚子饿时的小点心都很不错。挤掉了多余水分的萝卜泥中加入酱油混合均匀，再把烤过的年糕放进去拌一下即可。

花 时间慢慢炖才会变美味的汤，对于同一时间并行做几样家务的主妇来说，不算太合适。可能我性格比较毛躁，同时会被其他事情吸引注意力，经常等回过神来才发现洋葱已经焦掉了。所以这道菜不妨和孩子一起来挑战。当然这道菜的准备工作连大人都很容易厌倦，也不能太期待孩子能埋首其中。但是如果告诉孩子"洋葱焦掉就不好吃了噢"，即使大人被其他家事绊住，孩子也会喊："妈妈，注意洋葱！"家中如果有小学生年纪的孩子，让孩子"稍微搅拌一下"，即便大人短时间离开厨房也没有问题。

通过慢慢小火翻炒，一开始看上去量很大的洋葱渐渐变少，颜色变深味道变甜。能让孩子观察这个变化的过程，我觉得是这道菜一个很大的魅力。

剥洋葱皮是我从孩子很小的时候就让他们帮忙的工作。当我忙着料理食物的时候，孩子来到厨房里，我就会把洋葱塞到他们手里。

花时间慢慢炖出的美味，
可以让孩子铭记于心。

洋葱奶汁烤菜

孩子们动手
料理食物
★ 剥洋葱皮
★ 炒洋葱 等等

炒洋葱的时候让孩子一起参与，让孩子体会到花时间可以让料理变好吃。

爸爸也一起来料理食物！

我家的洋葱奶汁烤菜，是由我先生制作的一道菜肴。比起急脾气无法长时间坚持炒洋葱的我，做什么事情都认真细致的先生更擅长做这道洋葱奶汁烤菜。有几道能带上孩子一起做的"爸爸料理"，我觉得让家庭生活更加丰富美满。

材料（4人份）

洋葱······························800g
　　　（中等大小4个左右）
橄榄油··························3大勺
盐·······················1又1/2小勺
番茄酱··························2小勺
法棍切片·························4片
可溶芝士碎·······················80g
荷兰芹碎末······················适量

做法

1. 洋葱切成细丝。撒上盐1/2小勺放置10分钟左右。

2. 锅中倒入橄榄油后开中火加热，翻炒洋葱丝。待洋葱全体变软后转为小火，慢慢炒至褐色（约2小时）。中途如果有变焦的趋势，可加入少许水，注意一定不要焦掉。

3. 锅中加入水600ml、番茄酱、盐1小勺开中火煮沸，转为小火继续煮4～5分钟。

4. 均匀倒入耐热容器中，放上法棍切片和芝士碎。放入预热到200℃的烤箱中，烤至芝士溶化并有焦色为止。最后撒上荷兰芹碎末。

蔬 菜晒干后不仅能提高保存性，也可以浓缩鲜味和甜味，产生新的美味。让孩子体验食材变化的样子，蔬菜干无疑是最适合的。

提醒孩子"不要重叠，要放得漂亮点噢"，这样晒蔬菜的情景让我觉得怀念又幸福。

因为用了有嚼劲的杂蔬，不管是炸还是腌渍，吃起来都需要充分咀嚼。虽然平时都跟孩子说吃东西的时候要好好咀嚼，但因为吃的是柔软的食材，所以他们都不太能做到这点。时不时地让孩子吃一些这样硬的食物，可以锻炼孩子的咀嚼能力。

告诉孩子"给蔬菜翻身，是小照你的工作噢"，让孩子心中萌生责任感，认真去把事情从头到尾做好。

可以作为孩子练习咀嚼的一道菜。

炸杂蔬干

孩子们动手料理食物

★ 蔬菜摊开晒干
★ 给蔬菜翻身 等等

材料(4人份)

莲藕（小）·················1个
牛蒡·····················1/2根
盐·······················1小勺
〈面衣〉
　小麦粉···············1/3杯
　淀粉·················2大勺
　盐···················1小撮
　冰水·················80ml
油炸用油、盐、抹茶、咖喱粉···
·······················各适量

做法

1. 莲藕、牛蒡连皮切成薄片。放入加了盐的600ml水中浸泡5分钟，捞出沥干水分。摊开放在竹匾上，晴天晾晒2天左右（如遇夏日好天气，把时间缩短到半天～一天）。不要晒得过干，表面稍微收干水分的状态就OK。

2. 深盆中放入除冰水以外所有的面衣材料，用筷子搅拌均匀。

3. 另外取一个深盆放入莲藕、牛蒡，加入**2**的面衣混合物1大勺拌匀。

4. 把冰水加入**2**的深盆中混合均匀，倒进步骤**3**的深盆中。

5. 用筷子整理好适合吃的大小（给孩子吃的要弄得更小），放入170℃的油中，中途翻身，炸至轻微有焦色就OK。用盐＋抹茶、盐＋咖喱粉蘸食。

脆脆腌渍杂蔬干

把杂蔬干做成脆脆的腌渍物也很好吃。这道腌渍物把鲜味全部锁在蔬菜中，又非常有嚼劲。

材料和做法 胡萝卜1根切成细丝，芜菁3个切成薄片，晒1～2日。把味啉3大勺、酱油、柚子果汁各1又1/2大勺、米醋1大勺、盐1/4小勺、切成细丝的昆布做成综合腌渍汁，腌渍1小时以上。

年末年初是让孩子们了解高汤
美味的绝佳机会！

头道木鱼花高汤

孩子们动手
料理食物

★ 品尝并在记忆中留住高汤的
味道 等等

通过用舌头感知味
道可以加深孩子们
对食物的理解，因
此品尝味道也是很
重要的事情。

临近元旦，和孩子们一起做年节菜虽然也不错，我却比较想趁此机会，先让孩子们了解高汤的美味。

我家平时做味噌汤时，基本都以小鱼干高汤为中心，偶尔会做一下木鱼花高汤。但是在年末年初却是特别的。按照惯例，这时要比平常更加认真，并且把木鱼花和昆布的分量加倍，熬一锅奢侈的高汤。然后用这样的高汤来做年越荞麦面和杂煮。

这道高汤香味比平日里的高汤更浓，口味也较为醇厚，我通常都不加其他调味料直接给孩子喝，自卖自夸"很好喝吧！"（笑）。不过可能因为味道确实很好，孩子们的表情告诉我，他们已经认可了这种美味。

年越荞麦面和杂煮有了鲜美的高汤，即便用很简单的做法，味道已实属一流。

头道木鱼花高汤

材料（适合制作的分量）

昆布·······················15g
木鱼花·····················20g

做法

1. 锅中放入水1L和昆布，静置30分钟以上。开小火慢慢加热。沸腾之前取出昆布。关火。

2. 加水50ml入锅，撒入木鱼花，不需要搅拌，等2～3分钟让木鱼花自行沉淀。过滤。

二道木鱼花高汤

难得用了大量的木鱼花，索性再熬成二道高汤，作为底汤活用于各种煮菜中。

材料和做法 熬头道高汤时捞出的昆布、木鱼花、水1L放入锅中，开中火。沸腾之前再加入1把木鱼花，关火静置5分钟，过滤。

年越荞麦面

材料（4人份）

日本荞麦面（干面）········4把
头道木鱼花高汤·············1L
薄口酱油···················60ml
A ┌ 味淋···················50ml
  └ 盐·····················1小勺
大葱、面酥、鸭儿芹·····各适量

做法

1. 煮熟荞麦面，放水龙头下搓揉冲洗。捞出放入滤碗沥干水分。大葱切丝、鸭儿芹切碎。

2. 锅中倒入高汤和A煮沸，放入荞麦面，再度沸腾后盛入碗中，添上葱丝、面酥和鸭儿芹。

杂煮

材料（4人份）

年糕·······················4块
头道木鱼花高汤··········800ml
A ┌ 酱油···············1又1/2大勺
  │ 味淋···················1大勺
  └ 盐·····················1小撮
萝卜、胡萝卜········各4枚薄片
小松菜·····················2棵
鱼糕·······················4片
切好的柚子皮丝············少许

做法

1. 萝卜对半切。和胡萝卜片一起加入少许盐煮过。同样加入少许盐把小松菜煮过，切成3～4cm小段，拧掉多余水分。

2. 锅中倒入高汤和A煮沸，加入萝卜和胡萝卜片并关掉火。

3. 年糕烤至两面有焦色。碗中先放入萝卜、胡萝卜，再按照小松菜、鱼糕、年糕的顺序放入。浇入高汤，撒上柚子皮丝。

和孩子一起自制饼干，这应该是大多数妈妈憧憬的场景吧？用模具压花型是孩子喜欢的工作，材料也简单。我觉得是比较适合带领孩子一起做的。

听朋友说用水果糖做成彩色玻璃效果的饼干非常可爱。所以我决定马上试一下。在压好的饼干花型上，再用更小的模具压出镂空部分，放入水果糖再烤。虽然做法简单却能马上变身为具有圣诞风情的装饰饼干。

孩子们对这个饼干非常有好感，在装饰圣诞树之前已经迫不及待想要吃掉了。和平时的饼干不一样也是吸引孩子的地方吧。

卖相做得稍微差一点儿我觉得也没有关系，因为对孩子来说，这是倾注了感情，是自己亲手做出来的饼干。而孩子认真而投入的表情，让我忍俊不禁。

擀面皮的时候，在面皮上下分别放一张保鲜膜，可以防止面团粘连，让孩子比较容易操作。

在饼干模具上撒了小麦粉再压花型，更加轻松方便。

烤饼干、装饰饼干、吃饼干。
同时享受各种乐趣的自制饼干。

圣诞节装饰饼干

孩子们动手料理食物

★ 擀面皮
★ 用饼干模型压出花型
★ 放入水果糖 等等

材料(16～18片)

黄油（无盐）	100g
小麦粉年糕	190g
黄蔗糖	70g
蛋黄	1个
水果	16～18颗

* 若无黄蔗糖可换其他砂糖代用。

做法

1. 黄油放入深盆中，室温下软化。小麦粉过筛。

需要注意的是水果糖如果过大，在烤的过程中糖汁会流出来。孩子还会发挥有趣想象力，在压花留下来的小面团上放糖。

2. 用硅胶刮刀把黄油打成奶油状。分两次加入黄蔗糖，分别搅拌均匀。加入小麦粉充分混合，包上保鲜膜放入冰箱中冷藏30分钟以上。

3. 把面团分成两半，分别用擀面杖擀成3～4mm的面皮。此时在面皮上下分别放一张保鲜膜，可以防止面团粘连，比较好操作。

4. 用撒上小麦粉（分量外）的饼干模具压出花型，正中间再用小号模具压出镂空部分。在镂空部分放上水果糖。

5. 放入预热到160℃的烤箱中，烤13～14分钟。

* 这里使用的饼干模具大号约为5.5～5.8cm、小号约为2～2.5cm。水果糖约为1cm的小块状。

正在装饰圣诞树的二女儿。看着水果糖像彩色玻璃一般透明的样子，她一直在感叹"好漂亮啊！"因此非常高兴地帮我一起装饰。想到这个饼干在圣诞节那天可以享用，圣诞节好像变得更让人期待了。

装饰饼干放入食品专用透明袋（OPP袋），袋口用家用手持密封器封口。再穿上有圣诞风情的红绳，挂在圣诞树上。

红绳穿过袋子封口的折角，再用订书机钉住就好。挂上圣诞树后，光线透过饼干正中间水果糖的部分，闪闪亮亮特别好看。

孩子们为圣诞老人准备的点心。圣
诞老人（爸爸）当然不会忘记吃掉。

圣诞树上不使用太多颜色，简单装
饰是我坚持的原则。

　　圣诞节大概是一年中大多数孩子都很期待的节
日吧？我家一般不会装饰得很隆重盛大来迎接节日，
但是会略微把小小的圣诞树装点一下、挂起孩子们自
己做的花环，以此来体验圣诞的气氛。外面卖的圣诞
树装饰品已经非常漂亮，不过我家的风格是不用闪烁
的彩灯，而用自制的饼干和买的糖果混合起来简单装
饰。孩子们好像也很喜欢这样的方式。

孩子们用附近公园
捡来的松果等等做
成了花环，装饰在
家门口。

　　每到圣诞节，我的一些妈妈朋友和孩子都会到我
家来，一起举行派对。这些自制的饼干，或者大家当
场吃掉，或者被当作小礼物带回家。

　　孩子们当然很期待得到向圣诞老人祈愿的礼物，
所以在睡觉前，他们会为圣诞老人准备好饮品和点
心。不知道是不是因为孩子们经常被贪吃的母亲带着
一起料理食物，他们首先想到的竟然是为圣诞老人准
备吃食，这个想法让我觉得十分好笑。

不知道是不是看到正月里的年糕没由来地想吃，还是因为觉得热乎乎的食物就是无上的美味，只要一到冬天，我就会常常做这道年糕红豆汤。

自己煮红豆的好处在于，可以做成自己喜欢的甜度、颗粒感和浓度。我家煮的红豆甜度不高，并且为了有享用豆子的感觉，捣的时候基本上不会捣太碎，和烤到有焦色的年糕真是绝配。

如果有多余的红豆汤，我会和孩子们一起捣得碎碎地再继续煮到红豆馅的状态。把这些红豆馅冷冻起来，可以灵活地做成艾草团子、樱花饼、刨冰和萩饼等甜点。

红豆煮软后，根据喜好，用研磨棒捣碎到残留一些豆粒的程度。孩子好像捣得很开心的样子。

"咚咚咚"捣碎红豆，
按照喜欢的浓度，捣出残留豆粒的红豆馅。

年糕红豆汤

孩子们动手料理食物
★ 撇浮沫
★ 捣碎红豆　等等

材料（适合制作的分量）

红豆·························· 200g
黄蔗糖······················· 100g
盐·························· 1/4小勺
年糕····················· 喜欢的块数

＊若无黄蔗糖可换其他砂糖代用。

做法

1. 红豆洗干净后浸入足量的水中3～4小时。倒掉水，把红豆放入锅中，加入没过红豆的水并开大火，待沸腾后倒掉锅中的水。

2. 锅中再加入900ml水，开中火煮。沸腾后转为小火，不盖锅盖煮30～40分钟，中途撇去浮沫。把红豆煮至用手指轻轻就能捏碎的程度就OK了（中途如果红豆露出水面，添进适量的水，保持水面始终没过红豆）。

3. 关火，用研磨棒把红豆捣碎到自己喜欢的程度。

4. 捣碎的红豆馅中加黄蔗糖和盐。煮沸后关火盛入碗中，加入烤到有焦色的年糕。

萩饼

煮了红豆馅，就可以挑战各式的和风甜点。这里将介绍萩饼的做法。

材料和做法　用和年糕红豆汤同样的方法煮好红豆，再用小火熬6～7分钟，收干水分做成红豆馅。其中一种用红豆馅包住糯米、大米各1合＋水300ml做成的米饭，捏成椭圆形；另外一种用米饭包住红豆馅，捏成椭圆形，撒上黄豆粉40g＋黄蔗糖2大勺＋盐1小撮的混合物。

使整个身体从里暖到外，
远离感冒安全过冬！

甜 酒

★ 把米曲和温水混合
★ 把米曲和粥混合 等等

甜酒实属夏季时令物，这是让很多人觉得意外的小知识。我本来想放在夏天的篇章中介绍甜酒的做法，但基于它在我家冬天登场的机会较多，所以就放在冬天的篇章中来介绍吧。

甜酒被叫作"可以喝的点滴"，是因为它的营养非常丰富。在疲倦时或者有感冒迹象时，甜酒是让人恢复元气的能量饮品。孩子们嚷着"冷啊、冷啊"的时候，我总会说着"喝完这个就不会感冒了！"然后把甜酒递给他们。

也有用酒曲做的甜酒，不过我家通常是使用米曲，做出酒精含量为零的甜酒。比较困难的温度管理，通过活用电饭锅的保温功能，基本上就不会遭遇失败。

我喜欢用糯米代替粳米来做甜酒，因为可以增加甜味。那种甜就算你说完全没有加糖也会被认为在撒谎，因此和一些不容易食用的蔬菜做成饮料，孩子们就能喝下去。甜酒对我来说是很重要的存在。

只要把用糯米做的粥和用温水化开的米曲混合即可。一起许愿"要变好喝噢"。

电饭锅的保温功能使温度管理变得很轻松。不要盖锅盖，罩上布巾。一起确认发酵完成前的样子。

材料（适合制作的分量）
糯米·····························1合
米曲··························· 250g

做法

1. 糯米轻轻淘过后沥水。和水900ml一起放入锅中开大火。待沸腾后转为小火，煮30分钟成粥。转移到电饭锅内，冷却到38℃左右（类似洗澡水的温度）。

2. 米曲和38℃左右的温水50ml混合，放置30分钟左右。

3. 把米曲加入粥中，充分搅拌均匀。锅盖不要盖，罩上布巾，开启电饭锅的保温功能，保持6~8小时使锅内的甜酒发酵。

＊把要喝的甜酒放入小锅中，加入生姜泥开火煨热，做成热甜酒。夏天可以冰镇后饮用。

＊剩余的甜酒可放入冰箱中冷藏保存，2~3日内喝完。

甜酒蔬果汁

利用甜酒的甜味，难入口的蔬果汁也能轻松喝下去。这是我家连孩子都爱喝的饮品。

材料和做法 甜酒100ml＋苹果（去核连皮）120g＋小松菜（带叶子的柔软部分）60g＋柠檬汁1大勺＋水80ml放入搅拌机，搅拌到糊状。

十岁的大女儿能做的事情

**10岁的大女儿开始能独立应付诸多琐事，
是我不可或缺的好帮手**

用筷子和木铲做煎蛋的小花。太一和小照看着
小花料理食物的样子也会模仿，我觉得料理食物是
一种连锁反应。

　　大女儿小花今年十岁了。年纪小的孩子一般可以和年纪大的孩子一起玩，但作为长女的小花却没有办法做到。因此她从小和我一起在厨房待着的日子比较多。

　　和小花一起料理食物的经历，对我来说既是和孩子料理食物的一段美好历史，也是这本书中各种菜单和想法的发源。通过料理食物，培养出怎样的孩子，小花可能就是现成的样品吧（笑）。

　　在蔬菜店看到陈列在店头的梅子，会提醒忙碌的我"我们必须要赶快料理梅子啦"的就是小花。对本来今年想偷懒不做赏月团子的我说"十五夜嘛就是团子对吧"，也是小花。看着她能清晰地在食物和节气中感知到四季的变化，我每次都会想我一定要把同样的想法传达给另外两个小孩。

　　自己虽然还不能喝咖啡，却渐渐地能够帮我泡咖啡了。看着她很认真地磨咖啡豆，用热水冲泡好，我觉得咖啡也变得格外好喝了。

　　大人想睡懒觉不肯起床的休息日，小花带着太一和小照三个人就能做出一顿早饭来。煮米饭、做味噌汤，甚至还有煎蛋。这是从她小学2年级以来就保持的习惯。

　　去年的某日，我和先生都疲惫不堪没有精神的时候，突然小花开始煮起了开水，接着磨咖啡豆，认真地用滴漏壶给我们做了两杯咖啡。孩子对父母的贴心通过这样的形式表达出来，当时的我内心非常感激。

　　能做到这些事情，我觉得跟小花长久以来料理食物的经验密不可分。最近她在课余很努力地练习着她钟爱的芭蕾，有时还要和我一起去面向大人的甜点教室，我家的小花在不断成长。

制作冬天的保存食物
味 噌

保存食物通常是指做完不能马上就能吃的食物。
有些东西就是要花时间才能变更好吃，
而料理食物是最适合把这个事情传达给孩子的方法。

亲子们动手
料理食物

★ 品尝刚煮好的豆子味道
★ 混合曲和盐
★ 把味噌球扔入容器中　等等

腌制时间：3个月以上

自己能够做的东西我总想自己做做看。我是从25岁左右开始自己做味噌的。那时候做的味噌口味很难说是好吃的。不过从那以后我做了很多尝试，包括选材和做法等。在经历了各种各样的失败后，终于做出了我认为最好吃的味噌！

大女儿小花从3岁开始，每年都跟我一起做味噌。由于过程比较漫长烦琐，一个人比较容易生厌，和孩子一起做的话就会非常有趣！叫上妈妈朋友和孩子们一起热闹地制作味噌更加有意思。妈妈朋友们也说再也无法吃回买的味噌了，已经完全迷上了自制味噌。这正好也是向孩子们传达自制味噌过程愉快、味道美味的绝佳机会。

— 前一日的准备

材料（适合制作的分量、做出的味噌约为4kg）

大豆	1kg
米曲	1kg
盐	400g
压重用盐	适量

2. 浸泡

预估一下膨胀后的体积，把大豆放入大深盆中，在足量的水中浸泡一晚。

1. 清洗

大豆清洗过后捞出。

在网上订购材料

我试过在家附近或者生协购买材料来做味噌，这几年一直从网上的"金中米曲"的店里购买原材料。正因为用简单的材料做出来的味噌才更美味，也让我知道食材的美味产生口感的差别真的很大。这样的重物在网上购买还能直接配送到家，对身边有小孩需要照顾的人来说，是值得庆幸的。

1. 煮豆

把大豆放入大锅中开中火。沸腾以后再煮1小时左右至豆子变软（如使用压力锅，加压15分钟，再静置到气放完为止）。

2. 确认煮好的豆

用手指捏豆，如果是轻易能被捏烂的状态就OK了。还不够软的话继续再煮。

此时让孩子也尝一下大豆的味道。本意是让孩子了解食材本来的味道，因为感受到了大豆的甜味，孩子自己都拿了好几粒吃（注意烫口）。

3. 打碎豆子

大豆趁热放入搅拌机，打成糊状。一次放不下可以分几次打。

4. 把米曲和盐混合

米曲和盐一起放入大的木桶中，把米曲打散，和盐一起拌匀。

5. 制作味噌球

把打碎的大豆（晾凉到人体温度左右）放入米曲和盐混合物的木桶中。做成单手能握住的圆球。顺便做一些和孩子小手尺寸差不多的圆球。

6. 投掷味噌球

取一张厨房纸巾蘸烧酒（分量外）或者消毒酒精，擦拭保存容器内侧。把味噌球投掷入保存容器中，以去除多余的空气。

7. 压实

保存容器的底部一层放满后，用手压实不要留下缝隙。再次投掷入味噌球。重复同样的动作，把所有的味噌球放入保存容器中。

8. 擦拭

再一次用厨房纸巾蘸烧酒（分量外）或者消毒酒精，擦干净保存容器内侧。

9. 压重

表面覆上保鲜膜，放上装了压重用盐（便宜的就可以）的保鲜袋。放置在阴凉处保存，待发酵成熟。

*3个月左右可以食用，我家一般在2、3月份制作，发酵到12月或者翌年1月。

Q 如果生出菌斑该怎么办？

即便生出黑色或者绿色的菌斑，仔细擦去后不会影响味噌本身的品质，可以继续食用。白色的颗粒或者一层类似膜的东西不是菌斑，没有害处，不过我还是会去除。

关于料理食物的工具

不特别去准备孩子料理食物的工具

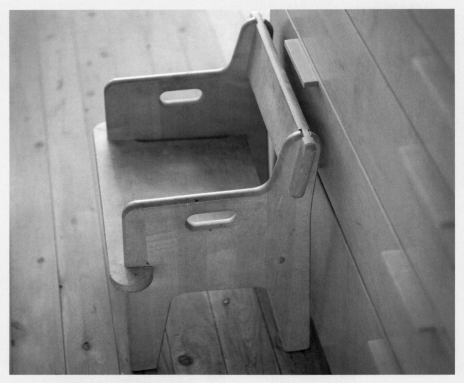

脚凳用的是孩子小时候用的椅子

　　把孩子1～2岁时候用过的椅子当成脚凳用，孩子站在上面刚好够得到厨房操作台。这是北欧设计大师汉斯·瓦格纳设计的作品。

孩子的打蛋器是我平时用来调制色拉酱汁的工具。若买了专用的工具，等孩子长大后可能就用不到了，所以换成兼备其他功能的工具来代用。

拜托孩子们配餐时使用的托盘，不是专门为他们而买，而是我平时用的小托盘。轻巧的类型（19cm×28cm）很方便。

直径10cm的铁制迷你煎锅。这也不是特意买给孩子用的，不过尺寸适合使用方便，小花和太一都用它来做煎蛋。

　　我常常会被问要为孩子料理食物准备怎样的工具，其实没有必要准备什么特别的工具。我是把自己觉得好用的、比较有安定感，以及适合孩子的工具交给家里的孩子们。我觉得除了刀以外，基本上孩子和大人用一样的工具就可以了。

孩子们使用的刀

一人一把专用刀是每个人的三岁生日礼物

刀具的品牌并没有特意统一

给孩子们各自的专属刀具。不共用同一把刀，给他们一人一把来激发各自的干劲。我想试试各种不同刀具的使用感，因此品牌并未统一。

刀的使用方法要手把手教

不要站在孩子旁边，要站在孩子身后，手把手指导孩子一只手切的方法，以及另一只手握的方法。虽说是3岁的生日礼物，实际频繁使用要等孩子5岁以后开始。

快满3岁的时候，大女儿小花提出想要自己专用刀的要求。虽然我是不为孩子特别准备道具的人，但还是觉得应该要有孩子专用的刀。和大人用同样的刀我总觉得不太安全，而且我希望孩子遇到用得顺手的工具后，会对料理产生更浓厚的兴趣。

我家孩子们
料理食物的经历

让孩子从几岁开始、料理什么样的食物，我觉得要因人而异。三岁开始做一些准备工作，五岁开始用刀稍微切切东西，这大概是一般情况下的进步过程？话虽如此，我倒认为不用刻意决定几岁做什么，而是观察孩子，从他们感兴趣的地方开始尝试才是最好的。作为参考，我在这里罗列了一下我家孩子们料理食物的经历。

1岁	2岁	3岁

1岁

用沙拉甩干机脱水

这是三个孩子从一岁开始都很喜欢的工作

2岁

把砧板上的食材移到盆中

剥洋葱皮

敲开鸡蛋壳

搅拌热香饼粉

用餐刀切东西

对孩子来说好像是很有趣的工作

3岁

用模具压花型

搓圆团子

过筛粉类

简单的装盘

使用削皮器

生日时送专用刀给孩子当成礼物

起因是小花三岁时发话想要自己的刀

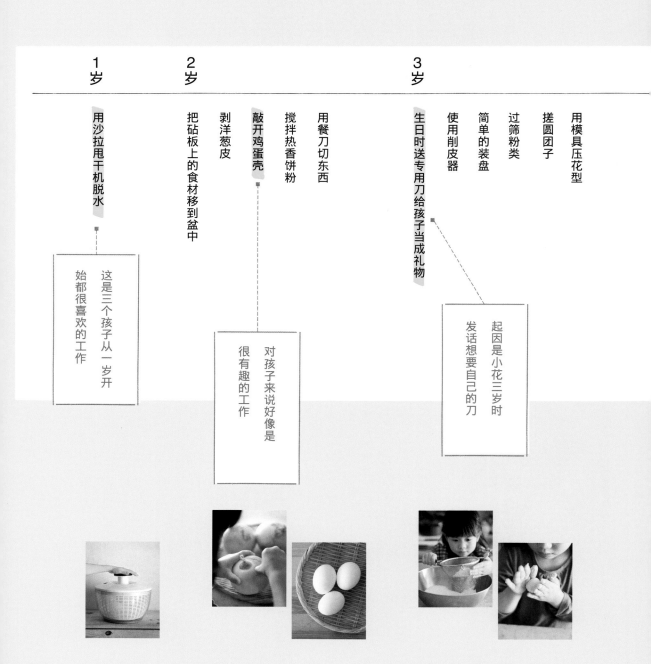

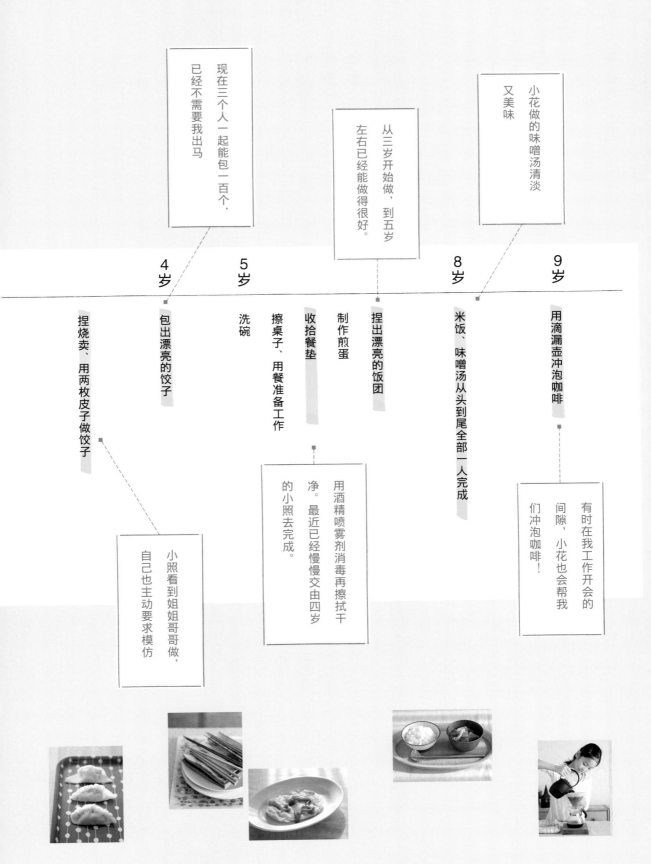

现在三个人一起能包一百个，已经不需要我出马

从三岁开始做，到五岁左右已经能做得很好。

小花做的味噌汤清淡又美味

4岁　5岁　8岁　9岁

捏烧卖、用两枚皮子做饺子

包出漂亮的饺子

洗碗

擦桌子、用餐准备工作

收拾餐垫

制作煎蛋

捏出漂亮的饭团

米饭、味噌汤从头到尾全部一人完成

用滴漏壶冲泡咖啡

小照看到姐姐哥哥做，自己也主动要求模仿

用酒精喷雾剂消毒再擦拭干净。最近已经慢慢交由四岁的小照去完成。

有时在我工作开会的间隙，小花也会帮我们冲泡咖啡！

后记

各位读者看到本书中的图片，可能会将我误解为一个理想妈妈。

而事实相反，我也是一个普通人，有时甚至还有点神经质。

比如碰到工作忙碌、烦恼焦虑的日子，也有禁止孩子进入厨房的事实。

那样的情况下，我总是告诫自己："无法达到完美是正常的"，尽量不要过分执着。

尽管如此，和孩子在厨房中一起度过的时间仍然非常舒服以及开心。

我想把这种感觉分享给各位，如果能让越来越多的妈妈放松下来，切身体会和孩子一起料理食物的快乐，那将是一件多么棒的事情。

最后我要感谢从这本书的企划阶段开始，付出大量时间和精力的编辑加藤小姐、按照季节变化的顺序持续细心拍照的摄影师冈村先生，每每给出精准建议的编辑部成田小姐、负责本书企划的莲见小姐、为本书设计排版的knoma小姐，衷心感谢各位的帮助。

另外借助出版本书的机会，向协助我拍摄的孩子们，以及对总是风风火火横冲直撞的我给予充分理解和支持的先生，送上我一直以来的谢意。

图书在版编目（CIP）数据

和孩子一起做家庭料理／（日）江口惠子著；吴绣绣译. —北京：北京联合
出版公司，2016.2
ISBN 978-7-5502-6859-3

Ⅰ.①和… Ⅱ.①江… ②吴… Ⅲ.①菜谱-日本 Ⅳ.① TS972.183.13

中国版本图书馆CIP数据核字（2015）第308785号

著作权合同登记号 图字：01-2015-8448号

原书名：子どもといっしょに季節の食しごと＆保存食
KODOMO TO ISSHO NI KISETSU NO SHOKUSHIGOTO & HOZONSHOKU by Eguchi Keko
Copyright © 2015 EGUCHI KEKO
All rights reserved.
Original Japanese edition published by Mynavi Corporation.

This Simplified Chinese edition is published by arrangement with
Mynavi Corporation, Tokyo in care of Tuttle-Mori Agency, Inc., Tokyo
through Beijing GW Culture Communications Co., Ltd., Beijing

和孩子一起做家庭料理

作　　者：（日）江口惠子	责任编辑：杨　青
翻　　译：吴绣绣	李　征
选题策划：北京日知图书有限公司	封面设计：夏　鹏
策划编辑：陈　瑶	美术编辑：吴金周

北京联合出版公司出版
（北京市西城区德外大街 83 号楼 9 层　100088）
北京艺堂印刷有限公司　新华书店经销
174千字　787毫米×1092毫米　1/16　7印张
2016年5月第1版　2016年5月第1次印刷
ISBN 978-7-5502-6859-3
定价：45.00元